"中国移动源标准实施系列知识手册"丛书

丛书主编 丁焰 / 副主编 倪红

非道路移动源环境保护标准
实用手册

刘 嘉 刘顺利 主编

U0649532

中国环境出版集团·北京

图书在版编目（CIP）数据

非道路移动源环境保护标准实用手册 / 刘嘉，刘顺利主编 . -- 北京：中国环境出版集团，2023.11
（"中国移动源标准实施系列知识手册"丛书）
ISBN 978-7-5111-5732-4

Ⅰ . ①非… Ⅱ . ①刘… ②刘… Ⅲ . ①移动污染源－污染防治－环境标准－中国－手册 Ⅳ . ① X501-62

中国国家版本馆 CIP 数据核字 (2023) 第 254863 号

出 版 人	武德凯
策划编辑	张维平
责任编辑	王　洋　宾银平
封面设计	岳　帅

出版发行　中国环境出版集团
　　　　　（100062　北京市东城区广渠门内大街 16 号）
　　　　　网　　址：http://www.cesp.com.cn
　　　　　电子邮箱：bjgl@cesp.com.cn
　　　　　联系电话：010-67112765（编辑管理部）
　　　　　发行热线：010-67125803，010-67113405（传真）

印　　刷	北京建宏印刷有限公司
经　　销	各地新华书店
版　　次	2023 年 11 月第 1 版
印　　次	2023 年 11 月第 1 次印刷
开　　本	787×1092　1/32
印　　张	4.75
字　　数	80 千字
定　　价	29.00 元

前言
foreword

　　非道路移动源指不在道路上行驶的移动源，即除机动车以外的其他移动源，如非道路移动机械、船舶、火车和飞机等。2021年，全国机动车一氧化碳（CO）、碳氢化合物（HC）、氮氧化物（NO_x）、颗粒物（PM）四项污染物排放总量为 1557.7 万 t。非道路移动源排放问题不容忽视，NO_x 排放量接近于机动车，为 478.9 万 t，其中，工程机械、农业机械、船舶、铁路内燃机车、飞机 NO_x 的排放量分别占非道路移动源排放总量的 30.0%、34.9%、30.9%、2.8%、1.4%。此外，二氧化硫（SO_2）、HC、PM排放量分别为 16.8 万 t、42.9 万 t、23.4 万 t。

　　国家非常重视非道路移动源排放控制工作。2007 年，国家环境保护总局颁布了我国首个非道路移动机械用柴油机排放标准——《非道路移动机械用柴油机排气污染物排放限值及测量方法（中国 I、II 阶段）》（GB 20891—2007），标志着我国开始对非道路移动源进行污染物排放控制。经过十几年的发展，我国已经实施了第四阶段排放标准，并开始制定第五阶段排放标准。在我国机械装备制造业快速发展期间，环保标准及时、有序升级，以"先易

i

后难、不断推进"的方式逐步推动相关行业提升发动机（机械）的排放控制水平，在加强非道路移动机械污染防治、促进行业技术进步等方面发挥了重要作用。

非道路移动源种类多样，在工作状况、排放特征、排放控制技术、监管对象和管理模式等方面各不相同，并且与固定源存在较大差异。因而，相关排放标准经过长期的发展，形成了复杂的测试和监管技术方法体系。为便于广大环保工作人员和相关行业人员学习非道路移动源排放标准，按照《中华人民共和国大气污染防治法》的要求更好地实施达标监管工作，本手册系统梳理了非道路移动源相关排放标准，概要介绍了非道路移动机械、船舶等标准的排放限值、实施时间和测试方法等内容。本手册为"中国移动源标准实施系列知识手册"丛书的第六册。

本手册主编为刘嘉、刘顺利，第一章为非道路移动源环境保护标准体系概述，系统介绍非道路移动源标准体系构成、标准实施进程等基本内容，由倪红编写；第二章为非道路移动机械用柴油机国四标准，简要介绍非道路柴油机械国四标准的技术和管理要求，由刘顺利编写；第三章为非道路移动机械用柴油机国三标准，介绍非道路移动机械国三标准的技术和管理要求，由丁子文编写；第四章为非道路移动机械用小型点燃式发动机排放标准，简要介绍以汽油为燃料的小型移动机械排放标准的主要内容，由贾滨编写；第五章为船舶排放标准，主要介绍内河船舶排放标准主要技术内容，并简要介绍远洋船舶标准的发展和实施情况，由陈莹、刘冰编写；第六章为在用非道路柴油机械排放标准，主要介绍在用机械排放标准主要技术内容，由鲍雪源编写；第七章和第八章分别为非道路移动机械编码登记和非道路移动机械定位和车载终端，对非道路柴油机械国四标准实施的部分关键技术内容进行了较为详细的解读，便于相关执法人员和企业产品研发人员精准理解管理和技术要求，由王明达、刘嘉编写。刘嘉、刘顺利负责全书整理工作。

本手册在编写过程中，得到了中国内燃机工业协会等单位的支持和指导，在此表示万分感谢！由于水平所限，难免存在不当之处，敬请批评指正！

编　者

2023 年 8 月于北京

目录

contents

第一章　非道路移动源环境保护标准体系概述……… 1

　第一节　非道路移动源环境保护标准体系构成　……… 1

　第二节　非道路移动源排放标准发展历程　……………… 5

　第三节　非道路移动源达标技术发展情况　…………… 18

　第四节　重要定义　……………………………………… 19

第二章　非道路移动机械用柴油机国四标准……… 23

　第一节　概述　…………………………………………… 23

　第二节　达标检验要求　………………………………… 30

　第三节　达标管理要求　………………………………… 46

第三章　非道路移动机械用柴油机国三标准………… 57

　第一节　概述　…………………………………………… 57

　第二节　达标检验要求　………………………………… 62

　第三节　达标管理要求　………………………………… 65

**第四章　非道路移动机械用小型点燃式发动机排放
　　　　标准**……………………………………………… 67

　第一节　概述　…………………………………………… 67

第二节　达标检查要求 ……………………………………… 71

第三节　达标管理要求 ……………………………………… 79

第五章　船舶排放标准………………………………………81

第一节　概述 ……………………………………………… 81

第二节　船舶发动机排放控制要求 ……………………… 87

第三节　船机大修的要求 ………………………………100

第四节　我国船舶排放控制区管理要求 ………………102

第五节　国际船机环保标准法规简介 …………………104

第六节　船机减排技术简介 ……………………………109

第六章　在用非道路柴油机械排放标准………………… 114

第一节　概述 ……………………………………………114

第二节　检验工况及达标要求 …………………………116

第三节　检验方法及判定规则 …………………………118

第四节　监督管理要求 …………………………………119

第七章　非道路移动机械编码登记……………………… 121

第一节　概述 ……………………………………………121

第二节　编码登记工作要求 ……………………………123

第三节　非道路移动机械环保登记号码编码规则 ……125

第四节　非道路移动机械环保标牌技术要求 …………127

第八章　非道路移动机械定位和车载终端……………… 129

第一节　概述 ……………………………………… 129

第二节　总体技术要求 ……………………………… 131

第一章 非道路移动源环境保护标准体系概述

第一节 非道路移动源环境保护标准体系构成

一、非道路移动源环境保护标准体系

非道路移动源种类多样，有非道路移动机械、船舶、火车和飞机等。由于各类非道路移动源应用场景多样，运行工况等差异大，所属管理部门和管理方法有所不同，生态环境部分别对非道路移动机械、船舶和火车制定环境保护标准。其中，非道路移动机械，分别针对装用柴油发动机的非道路移动机械（非道路柴油移动机械，以下简称柴油机械）、装用小型汽油发动机的非道路移动机械（以下简称小汽油机械）和装用大型汽油发动机的非道路移动机械（以下简称大汽油机械）制定排放标准。目前，我国非道路移动源的环境保护标准体系不断发展完善，其中新生产移动源排放标准已基本完成，在用移动源排放标准和噪声标准制定尚处于起步阶段。非道路移动源的分类及标准制定情况见图 1-1。

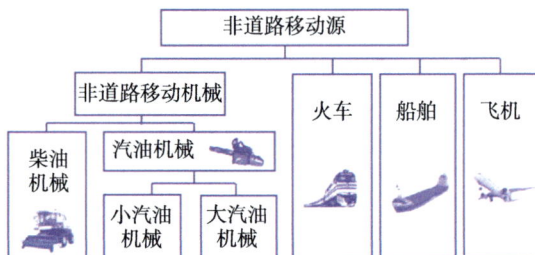

排放标准	新生产	执行国四，国五制定中	执行国二，国三制定中	国一制定中	执行行业标准，国一制定中	执行国二	履行国际公约
	在用	2018年发布	尚未制定	尚未制定	尚未制定	制定中	—
噪声标准	新生产	制定中	尚未制定	尚未制定	尚未制定	尚未制定	—
	在用	尚未制定	尚未制定	尚未制定	尚未制定	尚未制定	—

图 1-1 非道路移动源环境保护标准体系

二、污染物排放标准

目前实施的非道路移动源污染物排放标准共计 6 项，主要涉及非道路移动机械、船舶（表 1-1）。此外，生态环境部发布的《〈非道路移动机械用柴油机排气污染物排放限值及测量方法（中国第三、四阶段）〉（GB 20891—

2014）修改单》（以下简称修改单）和《非道路移动机械摸底调查和编码登记技术要求》（以下简称编码登记要求）对 GB 20891—2014 进行了管理和技术内容等方面的补充。

表 1-1　现行有效的非道路移动源污染物排放标准

序号	移动源类型	标准编号、名称	适用情况		受控污染物种类
			新生产/在用	燃料类型	
1	柴油机械	GB 20891—2014 非道路移动机械用柴油机排气污染物排放限值及测量方法（中国第三、四阶段）	新生产柴油机械及其装用的柴油机	柴油	CO、HC、NO$_x$、PM
2		HJ 1014—2020 非道路柴油移动机械污染物排放控制技术要求			CO、HC、NO$_x$、PM、颗粒物粒子数量（PN）、NH$_3$
3		GB 36886—2018 非道路柴油移动机械排气烟度限值及测量方法	在用柴油机械		烟度（不透光烟度法和林格曼烟度法）

序号	移动源类型	标准编号、名称	适用情况		受控污染物种类
			新生产/在用	燃料类型	
4	小汽油机械	GB 26133—2010 非道路移动机械用小型点燃式发动机排气污染物排放限值与测量方法（中国第一、二阶段）	新生产小汽油机械及其装用的点燃式发动机	汽油	CO、HC、NO$_x$
5	船舶	GB 15097—2016 船舶发动机排气污染物排放限值及测量方法（中国第一、二阶段）	新生产内河船舶及其装用的柴油机（第1、2类船机，大于37kW）	柴油	CO、HC、NO$_x$、PM
6		GB 20891—2014 非道路移动机械用柴油机排气污染物排放限值及测量方法（中国第三、四阶段）	新生产内河船舶及其装用的柴油机（不超过37kW）		CO、HC、NO$_x$、PM
7		GD 14—2020 船用柴油机氮氧化物排放试验及检验指南	远洋运输船舶及其装用的柴油机		NO$_x$

第二节　非道路移动源排放标准发展历程

一、标准发布和实施时间

1.发展进程概览

我国非道路移动源标准体系建立起步较晚，2007 年发布了第一个非道路移动源排放控制标准，相较于汽车标准晚了 24 年，落后于欧美国家 13 年左右。历经 16 年的快速发展，非道路移动源标准已与国际先进标准接轨，非道路移动源均采用了与欧美相同水平的排放控制技术（图 1-2）。

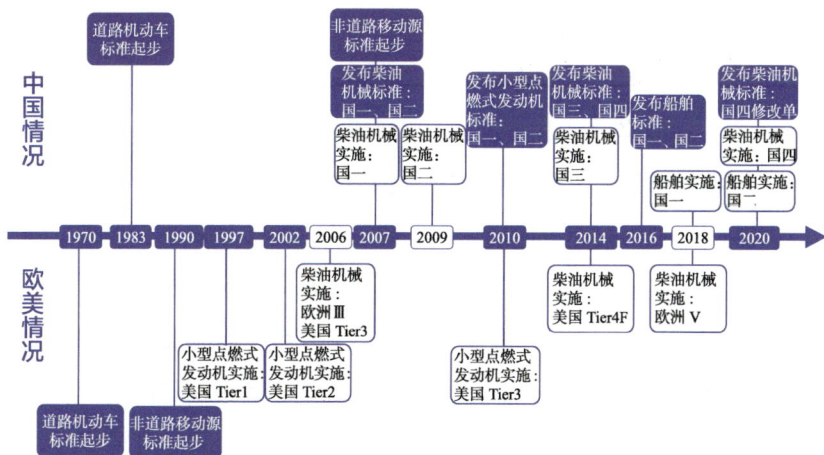

图 1-2　非道路移动源排放标准发展历程

2. 新生产非道路柴油机械

（1）第一、二阶段

2007 年，国家环境保护总局首次发布了非道路移动机械排放标准，即《非道路移动机械用柴油机排气污染物排放限值及测量方法（中国 I 、 II 阶段）》（GB 20891—2007），该标准针对新生产非道路移动机械用柴油机提出了国一、国二阶段的排放限值、测试方法等技术内容。此标准主要参考欧盟（EU）指令 97/68/EC（截至修订版 2002/88/EC）《关于协调各成员国采取措施防治非道路移动机械用压燃式发动机气态污染物和颗粒物排放的法律》中的有关技术内容。我国分别在 2007 年和 2009 年实施了第一阶段和第二阶段标准限值。

（2）第三、四阶段

2014 年，我国发布《非道路移动机械用柴油机排气污染物排放限值及测量方法（中国第三、四阶段）》（GB 20891—2014），该标准规定了第三阶段的排放限值、测试方法，并提出了第四阶段的预告性要求等内容。该标准修改采用欧盟（EU）指令 97/68/EC（截至修订版 2004/26/EC）《关于协调各成员国采取措施防治非道路移动机械用发动机气态污染物和颗粒物排放的法律》中有关非道路移动机械用柴油机的技术内容。

生态环境部于 2020 年发布了《〈非道路移动机械用

柴油机排气污染物排放限值及测量方法（中国第三、四阶段）》（GB 20891—2014）修改单》（以下简称修改单）及《非道路柴油移动机械污染物排放控制技术要求》（HJ 1014—2020），一是对第四阶段排放限值、测试方法、实施时间等内容进行了修改补充；二是新增了两类控制排放的污染物，分别为颗粒物粒子数量（PN）和氨（NH_3）（仅针对使用反应剂的柴油机）；三是在世界范围内首次针对非道路移动机械提出了整机排放限值要求。

第三阶段标准自 2014 年 10 月 1 日起实施型式核准，第四阶段标准自 2022 年 12 月 1 日起对生产、进口和销售的 560kW 以下（含 560kW）非道路移动机械及其装用的柴油机实施。

3. 在用非道路柴油机械

2018 年，生态环境部和国家市场监督管理总局联合发布了《非道路柴油移动机械排气烟度限值及测量方法》（GB 36886—2018），该标准首次对在用非道路柴油机械的排气烟度限值和测量方法作出规定，该标准同时也适用于新生产非道路柴油机械的烟度检查。该标准参照采用欧洲委员会指令 77/537/EEC《关于各成员国测量农用或林用轮式拖拉机用柴油机污染物排放的法律》和《车用压燃式发动机和压燃式发动机汽车排气烟度排放限值及测量方法》（GB 3847—2005）的相关技术内容。该标准自 2018 年

12 月 1 日起实施。

4. 新生产非道路小汽油机械

　　2010 年，环境保护部发布《非道路移动机械用小型点燃式发动机排气污染物排放限值与测量方法（中国第一、二阶段）》（GB 26133—2010），首次规定了新生产非道路移动机械用小型点燃式发动机排放控制要求，规定了第一阶段和第二阶段的排放限值、测试方法等技术内容，此标准的技术内容主要采用 GB/T 8190.4（ISO 8178）中规定的测试循环，修改采用欧盟（EU）修正案 2002/88/EC《关于协调各成员国采取措施防治非道路移动机械用内燃机气体污染物和颗粒物排放的法律》以及美国环境保护署（EPA）法规 40 CFR Part 90《非道路点燃式发动机排放控制》的相关技术内容。

　　该标准第一阶段自 2011 年起实施，第二阶段分机型分别于 2013 年和 2015 年开始实施。

5. 船舶

（1）内河船舶

　　2016 年 8 月，环境保护部和国家质量监督检验检疫总局正式发布了《船舶发动机排气污染物排放限值及测量方法（中国第一、二阶段）》（GB 15097—2016），对内河船、沿海船、江海直达船和海峡（渡）船等船舶的气态污染物排放进行严格限制，对船舶发动机排气污染物限值、生产一致性、在用符合性、船舶使用燃料以及船舶和船机实施大修后的排放控制等内容提出了要求。

该标准自 2018 年 7 月 1 日起实施第一阶段标准，自 2021 年 7 月 1 日起实施第二阶段标准。

（2）远洋船舶

1988 年 5 月，中国船级社（CCS）加入国际船级社协会（IACS）。2000 年，中国船级社根据国际海事组织（International Maritime Organization，IMO）修订的海洋环境保护委员会（MEPC）公约制定了《船用柴油机氮氧化物排放试验及检验指南》，此后该指南随着公约修订而进行了数次修订。2011 年，中国船级社结合国际海事组织 2008 年修订的国际防止船舶造成污染公约（MARPOL）附则Ⅵ《防止船舶空气污染物规则》[MEPC 176（58）决议] 和《船用柴油机氮氧化物排放技术规则》[MEPC 177（58）决议] 对指南进行了全面修订。2017 年，国际海事组织依据 2016 年通过的 2008 年 NO_x 技术修正案 [MEPC 272（69）决议] 又对指南进行了修订。2020 年，中国船级社发布的《船用柴油机氮氧化物排放试验及检验指南》（GD 14—2020）是当前最新的船机排放指导性文件。该文件是依据国际海事组织 MEPC 291（71）、MEPC 307（73）、MEPC 317（74）、MEPC 313（74）决议内容形成的综合文本，为远洋船舶排放检测提供指导。

二、标准限值不断加严

1.新生产非道路柴油机械

从国一到国四，新生产非道路移动机械用柴油机污染物排放限值大幅加严（表 1-2），以功率为 130～560 kW 发动机为例，HC+NO_x 限值削减了 79.1%，PM 限值下降了 95.4%（图 1-3）。HJ 1014—2020 针对国四阶段非道路移动机械首次增加了 PN 限值要求，并对使用反应剂的柴油机提出了 NH_3 的限值要求。排放标准不断升级，逐步追上了欧美最新的非道路移动机械用柴油机污染物排放水平。

表 1-2 我国非道路移动机械用柴油机国一至国四阶段
标准的污染物排放限值变化

（a）国一阶段

额定净功率 （P_{max}）/kW	CO/ [g/（kW·h）]	HC/ [g/（kW·h）]	NO_x/ [g/（kW·h）]	PM/ [g/（kW·h）]
$130 \leqslant P_{max} \leqslant 560$	5.0	1.3	9.2	0.54
$75 \leqslant P_{max} < 130$	5.0	1.3	9.2	0.7
$37 \leqslant P_{max} < 75$	6.5	1.3	9.2	0.85
$18 \leqslant P_{max} < 37$	8.4	2.1	10.8	1.0
$8 \leqslant P_{max} < 18$	8.4	—	12.9	—
$0 < P_{max} < 8$	12.3	—	18.4	—

（b）国二阶段

额定净功率 （P_{max}）/kW	CO/ [g/（kW·h）]	HC/ [g/（kW·h）]	NO_x/ [g/（kW·h）]	PM/ [g/（kW·h）]
$130 \leqslant P_{max} \leqslant 560$	3.5	1.0	6.0	0.2
$75 \leqslant P_{max} < 130$	5.0	1.0	6.0	0.3
$37 \leqslant P_{max} < 75$	5.0	1.3	7.0	0.4
$18 \leqslant P_{max} < 37$	5.5	1.5	8.0	0.8
$8 \leqslant P_{max} < 18$	6.6	—	9.5	0.8
$0 < P_{max} < 8$	8.0	—	10.5	1.0

（c）国三阶段

额定净功率 （P_{max}）/kW	CO/ [g/（kW·h）]	HC/ [g/（kW·h）]	NO_x/ [g/（kW·h）]	HC+NO_x/ [g/（kW·h）]
$P_{max} > 560$	3.5	—	—	6.4
$130 \leqslant P_{max} \leqslant 560$	3.5	—	—	4.0
$75 \leqslant P_{max} < 130$	5.0	—	—	4.0
$37 \leqslant P_{max} < 75$	5.0	—	—	4.7
$P_{max} < 37$	5.5	—	—	7.5

（d）国四阶段

额定净功率 （P_{max}）/kW	CO/ [g/(kW·h)]	HC/ [g/(kW·h)]	NO_x/ [g/(kW·h)]	HC+NO_x/ [g/(kW·h)]	PM/ [g/(kW·h)]	NH_3/ ppm[3]	PN/ [#/(kW·h)]
$P_{max} > 560$	3.5	0.40	3.5，0.67[1]	—	0.10		—
$130 \leqslant P_{max} \leqslant 560$	3.5	0.19	2.0	—	0.025	25[2]	5×10¹²
$56 \leqslant P_{max} < 130$	5.0	0.19	3.3	—	0.025		
$37 \leqslant P_{max} < 56$	5.0	—	—	4.7	0.025		
$P_{max} < 37$	5.5	—	—	7.5	0.60		—

[1] 适用于可移动式发电机组用 $P_{max} > 900$kW 的柴油机。

[2] 适用于使用反应剂的柴油机。

[3] 1ppm=10⁻⁶，以下同。

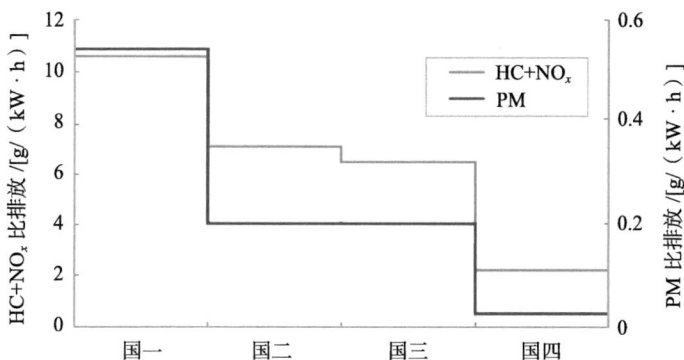

图 1-3　典型柴油机（130 ～ 560kW）各阶段排放限值变化

2. 在用非道路柴油机械

GB 36886—2018 适用于非道路柴油机械和车载柴油机设备，本标准为首次发布。根据不同阶段非道路柴油机械的特点、不同区域的管理需求等实际情况，设置了三类排气烟度限值（各类限值见表 1-3），其中：

（1）Ⅰ类限值：GB 20891—2007 第二阶段及以前阶段排放标准的非道路移动柴油机械，执行表 1-3 中Ⅰ类限值；

（2）Ⅱ类限值：GB 20891—2014 第三阶段及以后阶段排放标准的非道路移动柴油机械，执行表 1-3 中Ⅱ类限值；

（3）Ⅲ类限值：城市人民政府可以根据大气环境质量状况，划定并公布禁止使用高排放非道路柴油机械的区域，限定区域内可选择执行表 1-3 中的非道路柴油机械烟度排放的Ⅲ类限值。

规定高原地区特殊限值，即在海拔 1700m 以上区域，各项限值上调 0.25m^{-1}。

表 1-3 排气烟度限值

类别	额定净功率（P_{max}）/kW	光吸收系数 /m^{-1}	林格曼黑度级数
Ⅰ类	$P_{max} < 19$	3.00	1
	$19 \leqslant P_{max} < 37$	2.00	
	$37 \leqslant P_{max} < 560$	1.61	
Ⅱ类	$P_{max} < 19$	2.00	1
	$19 \leqslant P_{max} < 37$	1.00	
	$P_{max} \geqslant 37$	0.80	
Ⅲ类	$P_{max} \geqslant 37$	0.50	1
	$P_{max} < 37$	0.80	

3. 新生产小汽油机械

非道路移动机械用小型点燃式发动机目前执行国二标准，与国一标准相比，国二阶段手持式发动机以 HC+NO$_x$ 限值替代了单独的 HC 和 NO$_x$ 限值，仅 SH1 类发动机的 THC+NO$_x$ 排放限值有较大的削减，达到 56.7%～83.4%。CO 限值未加严，且对非手持式发动机略有放宽。同时，第二阶段给出了 NO$_x$ 和 NO$_x$+HC 的限值，企业可以基于产品排放特性，合理调配 NO$_x$ 和 HC 的结果（表 1-4 和图 1-4）。

表 1-4　非道路移动机械用小型点燃式发动机
国一、国二阶段排气污染物排放限值变化

发动机类别代号	污染物排放限值及排放阶段							
	CO/[g/（kW·h）]		HC/[g/（kW·h）]		NOₓ/[g/（kW·h）]		HC+NOₓ/[g/（kW·h）]	
	国一	国二	国一	国二	国一	国二	国一	国二
SH1	805	805	295	—	5.36		—	50
SH2	805	805	241	—	5.36		—	50
SH3	603	603	161	—	5.36		—	72
FSH1	519	610	—	—	—	10	50	50
FSH2	519	610	—	—	—		40	40
FSH3	519	610	—	—	—		16.1	16.1
FSH4	519	610	—	—	—		13.4	12.1

注："SH"指手持式机械装用的发动机；"FSH"指非手持式机械装用的发动机。

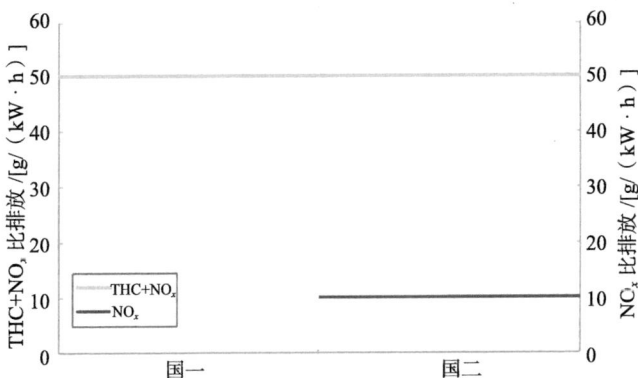

图 1-4　典型发动机（FSH1）排放限值变化

4. 船舶

2021 年 7 月 1 日起，新进行型式检验的船机执行 GB 15097—2016 第二阶段限值标准。第一、二阶段排放限值见表 1-5。

表1-5　船机排气污染物第一、二阶段排放限值

船机类型	单缸排量 (SV)/(L/缸)	额定净功率 (P)/kW	CO/ [g/(kW·h)]	HC+NOx/ [g/(kW·h)]	CH4(1)/ [g/(kW·h)]	PM/ [g/(kW·h)]
第一阶段排放限值						
第1类	SV<0.9	P≥37	5.0	7.5	1.5	0.40
	0.9≤SV<1.2			7.2	1.5	0.30
	1.2≤SV<5			7.2	1.5	0.20
	5≤SV<15			7.8	1.5	0.27
第2类	15≤SV<20	P<3300		8.7	1.6	0.50
		P≥3300		9.8	1.8	0.50
	20≤SV<25			9.8	1.8	0.50
	25≤SV<30			11.0	2.0	0.50
第二阶段排放限值						
第1类	SV<0.9	P≥37	5.0	5.8	1.0	0.30
	0.9≤SV<1.2			5.8	1.0	0.14
	1.2≤SV<5			5.8	1.0	0.12
第2类	5≤SV<15	P<2000		6.2	1.2	0.14
		2000≤P<3700		7.8	1.5	0.14
		P≥3700		7.8	1.5	0.27
	15≤SV<20	P<2000		7.0	1.5	0.34
		2000≤P<3300		8.7	1.6	0.50
		P≥3300		9.8	1.8	0.50
	20≤SV<25	P<2000		9.8	1.8	0.50
		P≥2000		9.8	1.8	0.27
	25≤SV<30	P<2000			1.8	0.50
		P≥2000		11.0	2.0	0.50

(1) 仅适用于NG（含双燃料）船机。

三、标准管理内容逐步完善

1. 设计、定型环节

2016 年之前，我国标准法规要求生产企业在发动机的设计、定型环节进行型式核准。2016 年，我国依法建立了以企业自律为主的机动车船环保信息公开制度。

2. 批量生产环节

为确保批量生产的产品能够达到标准规定的环保要求，我国新生产非道路移动机械用柴油机、小型点燃式发动机排放标准及船舶发动机标准从国一阶段开始提出生产一致性检查要求，其后发布的各阶段标准不断增加生产一致性检查测试项目，并且持续优化达标判定方法以提高环保达标监管工作的可操作性。

3. 使用环节

为进一步保障产品污染控制装置耐久性符合标准要求，我国非道路柴油机械国四阶段排放标准中首次提出了在用符合性要求，对正常使用的在用车辆按照 HJ 1014—2020 附录 E 或 GB 36886—2018 进行机械的污染物排放测量。这也是我国首次提出机械远程监控要求，使机械的排放问题无所遁形。标准还提出排放控制关键零部件质量保证要求，在确保排放控制系统正常工作的同时，充分考虑保障广大使用者的权益。

为了对在用柴油机械进行排放监管，我国在 2018 年发布的标准 GB 36886—2018，对在用机械的排气烟度作出了限值规定。

第三节　非道路移动源达标技术发展情况

一、非道路柴油移动机械

随着标准的不断加严，柴油机机内净化和机外净化技术快速升级。在机内净化技术方面，燃油系统从机械控制到电控燃油喷射，从单体泵到高压共轨，燃油喷射压力不断提高；进气系统从自然吸气到增压中冷再到两级增压、可变截面增压器（variable geometry turbocharger，VGT）等。更加精细化的控制有效改善了柴油机的燃烧过程，提高了柴油机的动力性和经济性，从而降低了原机污染物的排放。在机外净化技术方面，从单一使用柴油机氧化催化器（diesel oxidation catalyst，DOC），逐步发展到由选择催化还原器（selective catalytic reduction，SCR）、柴油机颗粒捕集器（diesel particulate filter，DPF）和氨逃逸催化器（ammonia slip catalyst，ASC）等共同组成排气后处理系统。机内净化技术和机外净化技术相互匹配，满足了不同阶段排放标准的控制要求。

二、船舶

根据船机排气污染物的种类，以及影响排气污染物的生成因素，业界已提出或已采用很多降低排气污染物的控制技术，主要分为机内净化、进气控制、燃料控制和尾气后处理四大类。机内净化的主要技术措施有缸内直接喷水、废气再循环、高压共轨燃油喷射系统。进气控制措施包含进气加湿和进气道蒸汽喷射，两者的原理相同，都是通过增加进气中的水或水蒸气来降低燃烧温度。燃料控制措施有燃油乳化、替代燃料发动机等。尾气后处理措施主要有选择催化还原技术、柴油颗粒捕集技术、联合废气洗涤技术等。

第四节　重要定义

一、非道路移动机械（non-road mobile machinery）

指用于非道路上的各类机械，即：

自驱动或具有双重功能，既能自驱动又能进行其他功能操作的机械；不能自驱动，但被设计成能够从一个地方移动或被移动到另一个地方，且一年内移动次数大于 1 次的机械。

二、车载柴油设备（onboard diesel engine equipment）

指在道路上用于载人（货）的车辆装用的、不为车辆提供行驶驱动力的柴油机驱动的车载专用设备。

三、第二台柴油机（secondary engine）

指道路车辆装用的、不为车辆提供行驶驱动力而为车载专用设施提供动力的柴油机。

四、三轮汽车（tri-wheel vehicles）

指按照 GB 7258 规定，最大设计车速不超过 50km/h，具有三个车轮的载货汽车。

五、船舶（vessel）

1. 内河船（inland vessel）
指在江河、湖泊航行的船。

2. 沿海船（coaster vessel）
指在沿海各港口之间航行的船。

3. 江海直达船（river-sea ship）
指在沿海水域和江河航道航行的船。

4. 海峡（渡）船（channel ship）
指在海峡两岸或岛屿间水域航行的船。

5. 渔业船舶（fishing ship）

指从事渔业生产的船舶以及水产系统中为渔业生产服务的船舶，包括捕捞船、养殖船、水产运销船、冷藏加工船、渔业油船、渔业供应船、渔业指导船、渔业科研调查船、渔业教学实习船、渔港工程船、渔业拖轮、渔业交通船、渔业驳船、渔政船和渔监船等。

六、排气污染物（exhaust emissions）

指从发动机排气管排出的气态污染物和颗粒物。

七、气态污染物（gaseous pollutants）

指排气污染物中的一氧化碳（CO）、碳氢化合物（HC）和氮氧化物（NO_x），HC 以 Cl 当量表示（假定碳氢比为 1:1.88），NO_x 以二氧化氮（NO_2）当量表示，也包括氧化二氮（N_2O）和氨（NH_3）等污染物。

八、颗粒物（particulate matter，PM）

指按标准中描述的试验方法，在稀释排气温度不超过 325K（52℃）的条件下，由规定的过滤介质收集到排气中的所有物质。

九、粒子数量（particle number，PN）

指按照 HJ 1014—2020 附件 BB 中描述的方法，去除挥发性物质的稀释排气中，所有粒径超过 23nm 的粒子总数。

第二章 非道路移动机械用柴油机国四标准

第一节 概述

一、标准制定情况

2016 年 1 月 1 日实施的《中华人民共和国大气污染防治法》修订版明确提出了针对机动车、船和非道路移动机械整机的污染物排放控制要求，改变了我国之前参考采用欧美管理方法，只对机械装用的柴油机进行达标监管的做法。因此，GB 20891—2014 不能适应《中华人民共和国大气污染防治法》的要求，需要尽快更新。2017 年，环境保护部着手启动非道路移动机械第四阶段标准的完善工作，考虑到第四阶段的限值及试验循环已经发布，将非道路移动机械第四阶段标准的技术要求独立形成环境标准。生态环境部于 2020 年发布了 HJ 1014—2020，并同时发布了修改单，以补充完善 GB 20891—2014 中第四阶段的有关要求。除特殊说明外，本书中国四标准泛指以上标准和文件所提出的管理和技术要求的总和。另外，为加强对非道路移动机械的管理，生态环境部于 2019 年 7 月发布了《非道路移动机械摸底调查和编码登记技术要求》，加强对在用环节非道路柴油移动机械的管理。目前非道路柴油移动机械的标准和管理要求主要由四部分组成，详细结构见图 2-1。

GB 20891—2014
预告性提出第四阶段排放限值要求

HJ 1014—2020
补充提出第四阶段排放控制要求

GB 20891—2014 修改单
对 GB 20891—2014 内容进行相应修改

编码登记技术要求
补充提出机械编码技术要求

图 2-1　非道路柴油移动机械的标准和管理要求结构

二、适用范围

根据 GB 20891—2014 规定，国四标准适用于以下（包括但不限于）非道路移动机械用的在非恒定转速下工作的柴油机的型式检验、生产一致性检查和耐久性要求，如：

• 工业钻探设备。

• 工程机械（包括装载机、推土机、压路机、沥青摊铺机、非公路用卡车、挖掘机、叉车等）。

• 农业机械（包括大型拖拉机、联合收割机等），林业机械，材料装卸机械，雪犁装备。

• 机场地勤设备。

适用于以下（包括但不限于）非道路移动机械用的在恒定转速下工作的柴油机的型式核准、生产一致性检查和耐久性要求，如：

• 空气压缩机。

• 发电机组。

• 渔业机械（包括增氧机、池塘挖掘机等）。

• 水泵。

GB 20891—2014 修改单扩大了标准适用范围，规定三轮汽车及其装用的柴油机执行 GB 20891—2014 标准第四阶段要求。

三、实施时间

2022 年 12 月 1 日起，所有生产、进口和销售的 560 kW 以下（含 560 kW）非道路移动机械及其装用的柴油机应符合 GB 20891—2014 标准第四阶段要求；560 kW 以上非道路移动机械及其装用的柴油机第四阶段实施时间另行公告。

四、标准文本结构及主要内容

1.GB 20891—2014

《非道路移动机械用柴油机排气污染物排放限值及测量方法（中国第三、四阶段）》（GB 20891—2014）标准文本包括前言、正文和附录3个部分。

正文部分主要规定了适用范围、标准限值及监督管理的总体要求，有10个章节，具体内容见表2-1。附录部分主要是对试验相关资料、各种测量方法、测量设备等进行规定，包含8个附录（附录A～附录G为规范性附录，附录H为资料性附录），具体内容见表2-2。

2.HJ 1014—2020

《非道路柴油移动机械污染物排放控制技术要求》（HJ 1014—2020）标准文本包括前言、正文和附录3个部分。

正文部分主要规定了规范性要求和监督管理要求，共有10章内容，详见表2-1。HJ 1014—2020在GB 20891—2014相关规定的基础上，补充了瞬态测试循环的试验程序、车载法排放测试要求、非标准循环排放要求、新生产机械达标排放及检查要求、在用符合性及检查要求和机械定位等具体要求。附录部分主要对各种测量方法、测量设备、合规性检查等进行了规定，共包含11个附录，具体内容见表2-2。

表2-1　国四标准正文内容清单

GB 20891—2014		HJ 1014—2020	
章编号	标题名称	章编号	标题名称
1	适用范围	1	适用范围
2	规范性引用文件	2	规范性引用文件
3	术语和定义	3	术语和定义
4	型式核准的申请与批准	4	污染控制要求
5	技术要求和试验	5	技术要求和试验
6	生产一致性检查	6	在机械上的安装
7	柴油机标签	7	新生产机械（柴油机）排放达标要求及检查
8	确定柴油机系族的参数	8	在用符合性要求及检查
9	源机的选择	9	机械环保信息标签
10	标准的实施	10	系族

表2-2　国四标准附录内容清单

GB 20891—2014		HJ 1014—2020	
编号	标题名称	编号	标题名称
附录A	型式核准申报材料	附录A	型式检验材料
附录B	试验规程	附录B	台架试验规程
附录C	气体和颗粒物取样系统	附录C	NO_x控制措施正确运行的要求

续表

GB 20891—2014		HJ 1014—2020	
编号	标题名称	编号	标题名称
附录 D	基准柴油的技术要求	附录 D	颗粒物控制措施正确运行的要求
附录 E	柴油机功率测试所需安装的装备和辅件	附录 E	车载法检测规程和要求
附录 F	型式核准证书	附录 F	生产一致性保证要求及检查
附录 G	生产一致性	附录 G	在用符合性技术要求
附录 H	参考文献	附录 H	车载终端技术要求
		附录 I	机械环保信息标签
		附录 J	确认检查技术要求
		附录 K	机械环保代码

3.GB 20891—2014 修改单

修改单以文件形式体现，对 GB 20891—2014 中需要变更的语句进行了逐一修改。主要内容包括：

（1）明确了非道路移动机械及其装用的柴油机实施第四阶段标准的时间；

（2）扩大标准适用范围，将三轮汽车纳入；

（3）增加 NH_3、PN 的限值要求；

（4）修改了试验用燃料技术指标。

五、排放控制管理和技术体系概况

非道路柴油机械国四标准针对整机及其装用的发动机提出了从新产品型式检验到整车使用过程中的具体要求，包括信息公开、新车下线检验、企业环保自查、在用符合性检查、环保监督检查等方面。系统、全面的达标管理要求促使生产企业在设计、制造和装配等环节中采取技术措施，确保车辆在正常使用条件下的全寿命周期内，能够有效控制排气污染物排放（图 2-2）。

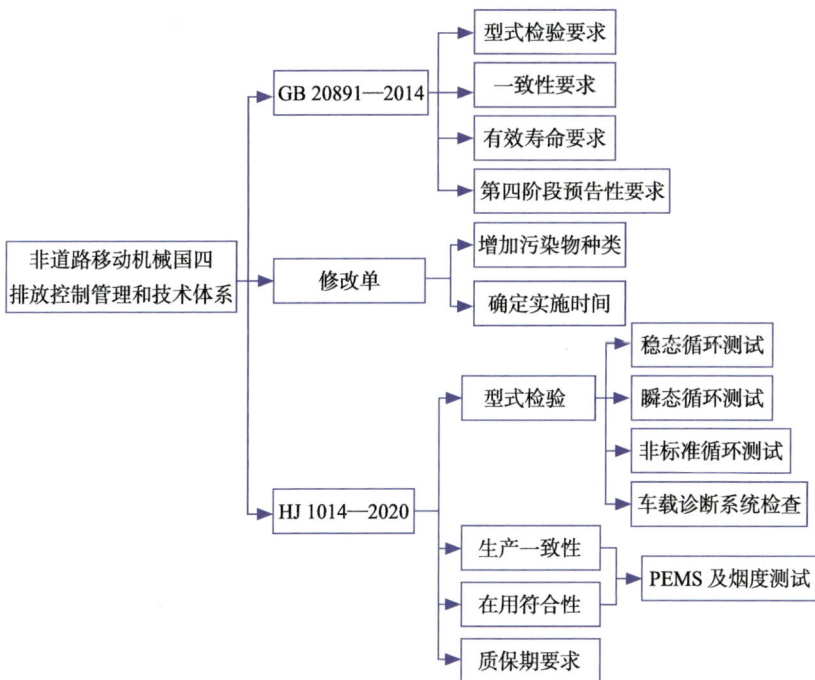

图 2-2　非道路移动机械国四排放控制管理和技术体系

第二节　达标检验要求

一、检验项目

1. 型式检验项目

机械和柴油机机型（系族）在定型阶段，应按标准要求的项目（表2-3）进行型式检验。

表2-3　检验项目

检验项目		控制项目
标准循环	稳态循环（NRSC）	气态污染物
		PM、PN[1]
		氨（NH₃）浓度[2]
		CO_2 和油耗
	瞬态循环（NRTC）[5]	气态污染物
		PM、PN
		氨（NH₃）浓度[2]
		CO_2 和油耗
非标准循环[6]	稳态单点测试	气态污染物
		PM

续表

检验项目	控制项目
耐久性	
NO$_x$ 控制 [2][3]	
PM 控制 [4]	

[1] PN 测量适用于 37 kW ≤ P_{max} ≤ 560 kW 的柴油机。
[2] 采用反应剂后处理系统需进行的检验项目。
[3] 采用废气再循环（EGR）系统需进行的检验项目。
[4] 采用颗粒物后处理系统需进行的检验项目。
[5] 不适用于 P_{max} < 19 kW 的单缸柴油机和 P_{max} > 560 kW 的柴油机。
[6] 适用于电控燃油系统的柴油机。

2. 达标检查项目

标准提出了生产一致性和在用符合性检查要求，既适用于机械（柴油机）生产企业的达标自查，也适用于生态环境主管部门进行达标抽查。

对于 37 kW 及以上新生产的和在有效寿命期内的非道路柴油移动机械，应按照标准要求，使用便携式排放测试设备（PEMS）和烟度计进行机械实际运行状态下的污染物排放测试；对于 37 kW 以下的新生产的非道路柴油移动机械，仅进行烟度测试。

对于非道路移动机械装用的新生产的柴油机，按照 GB 20891—2014 中一致性抽查的方法，开展排放生产一致性达标检查，对于在用的非道路移动机械装用的柴油机，达标检查应在整机上进行，采用的方法与整机在用符合性相同。主管部门进行的在用符合性抽查中如发现不达标问题，则根据抽查责任主体来确定违规处罚对象。

二、试验方法

1. 标准循环

（1）稳态循环（NRSC）

稳态循环（NRSC）有3种试验循环，分别为八工况（表2-4 和图2-3）、六工况（表2-5 和图2-4）、五工况（表2-6 和图2-5），适用于不同类别的发动机。

A. 非恒定转速柴油机

对于在非恒定转速下工作的柴油机，按表2-4 的试验循环进行。

表 2-4　八工况循环

工况号	柴油机转速	负荷百分比 /%	加权系数
1	额定转速	100	0.15
2	额定转速	75	0.15
3	额定转速	50	0.15
4	额定转速	10	0.1
5	中间转速	100	0.1
6	中间转速	75	0.1
7	中间转速	50	0.1
8	怠速	0	0.15

图 2-3　八工况循环分布

对于额定净功率小于 19 kW、在非恒定转速下工作的柴油机，也可以按表 2-5 六工况循环进行试验。

表 2-5　六工况循环

工况号	柴油机转速	负荷百分比 /%	加权系数
1	额定转速	100	0.29
2	额定转速	75	0.20
3	额定转速	50	0.29
4	额定转速	25	0.30
5	额定转速	10	0.07
6	怠速	0	0.05

图 2-4　六工况循环分布

B. 恒定转速柴油机

对于在恒定转速下工作的柴油机，按表 2-6 五工况循环进行试验。

表 2-6　五工况循环

工况号	柴油机转速	负荷百分比 /%	加权系数
1	额定转速	100	0.05
2	额定转速	75	0.25
3	额定转速	50	0.3
4	额定转速	25	0.3
5	额定转速	10	0.1

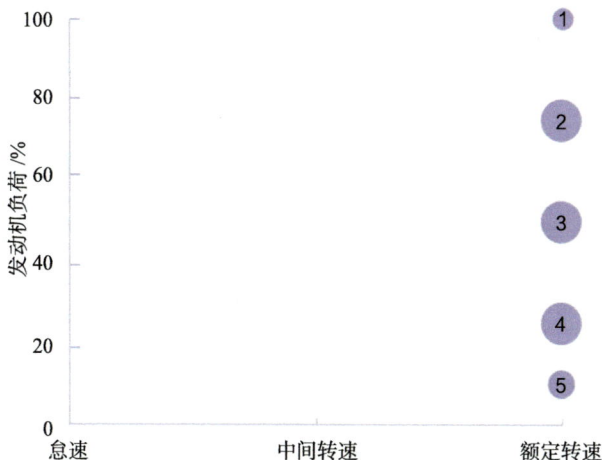

图2-5　五工况循环分布

（2）瞬态循环（NRTC）

瞬态循环（NRTC）检验项目适用于所有额定功率不大于 560kW 的柴油机。NRTC 测试是稳态循环测试的必要补充，能够更加全面地代表机械实际运行情况和工作特性，从而可以更加科学地考察柴油机电控燃油系统是否进行了合理标定。NRTC 由 1238 个逐秒变化的工况点组成（图 2-6）。

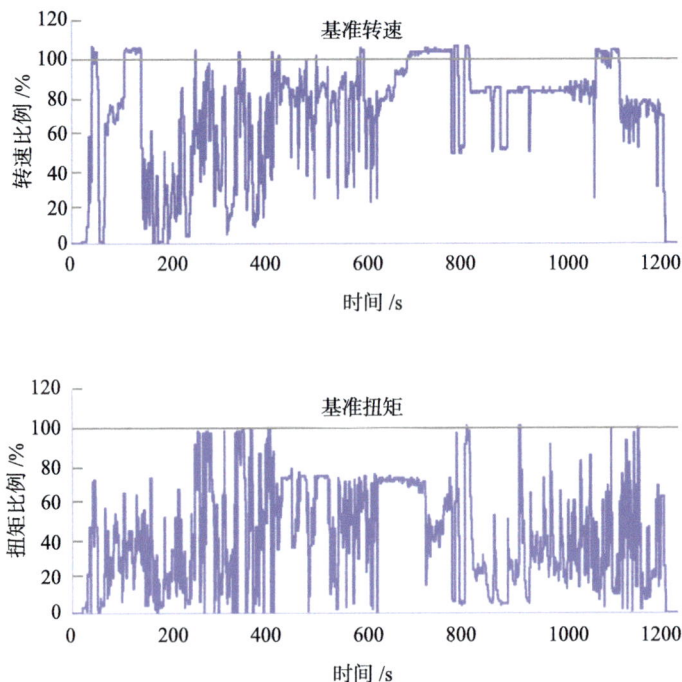

注：图中纵坐标数值指测试工况点设置转速或扭矩占基准转速或扭矩的百分比。

图 2-6　NRTC 试验

　　一个完整的 NRTC 试验包括一次冷态试验循环和一次热态试验循环，试验流程如图 2-7 所示。最终排放结果按照冷态 10 %、热态 90 % 加权计算。

柴油机的准备（柴油机性能检查及系统标定等）

柴油机性能曲线的测量（最大扭矩曲线）基准试验循环的形成

根据需要运行一个或几个预循环，以检查柴油机/试验单元/排放系统

自然或强制柴油机冷却

取样和分析系统的准备

冷启动排放试验

热浸机

热启动排放试验

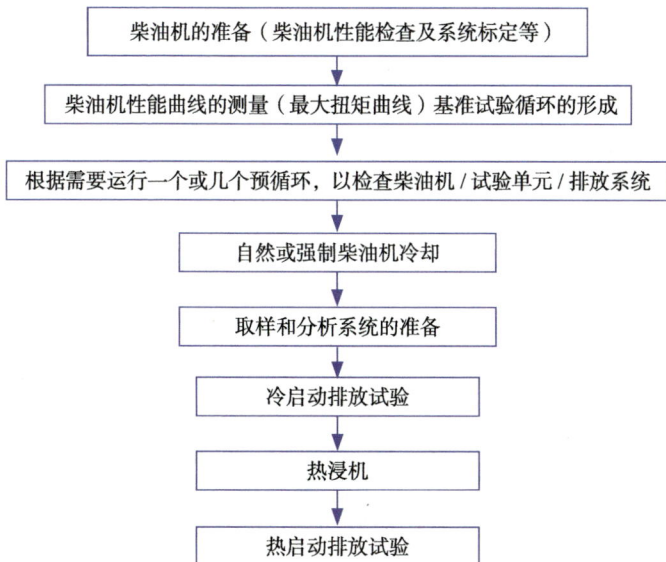

图 2-7　NRTC 试验流程

2. 非标准循环

非标准循环检验项目适用于所有安装电控燃油系统的非道路移动机械用柴油机。按照标准规定，在完成稳态测试工况后，需进行非标准循环排放测试。测试时，在非标准循环排放区内最少选择 3 个随机的负荷和转速点进行试验，并随机决定上述试验点的运行顺序。试验应根据稳态循环的要求进行，每个试验点应单独计算各种污染物的比排放量（不包含 PN），每个试验点的比排放量应不超过柴油机台架限值的 2 倍。

标准规定了 3 类排放控制区（图 2-8 ～图 2-10），分别适用于不同类型的柴油机。

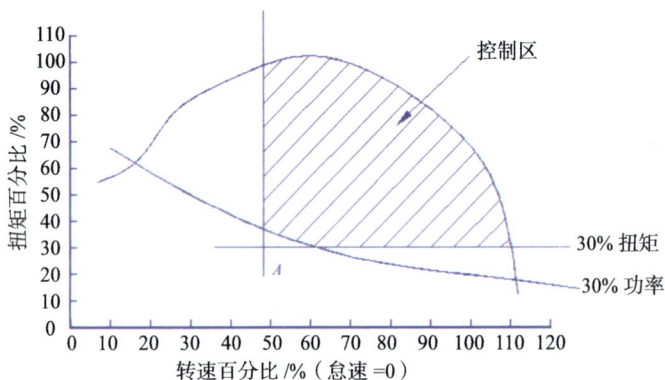

图 2-8　大于等于 19 kW 的柴油机非标准循环排放

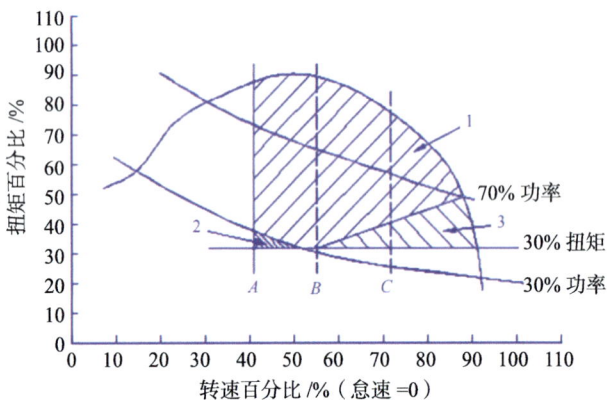

1- 柴油机非标准循环排放；2- 所有污染物的非控区；3-PM 非控区。

图 2-9　19 kW 以下转速 < 2400 r/min 柴油机非标准循环排放

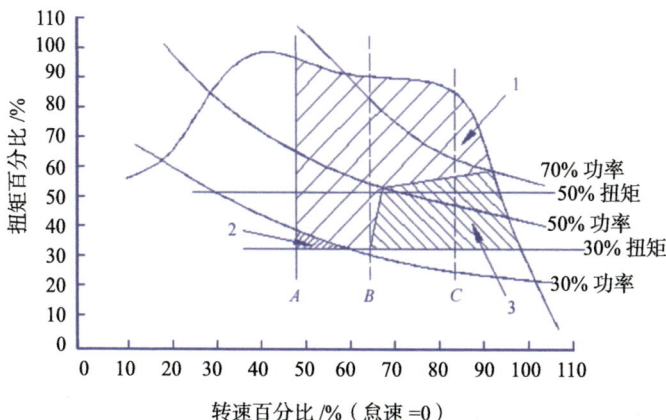

1- 柴油机非标准循环排放；2- 所有污染物的非控区；3-PM 非控区。

图 2-10　19 kW 以下转速 ≥ 2400 r/min 柴油机非标准循环排放

三、排放限值

1. 标准循环限值

　　GB 20891—2014 提出了非道路移动机械用柴油机第四阶段排放限值，除 37 kW 以下功率段外，其余功率段限值采用欧盟ⅢB 限值要求，与国三相比，HC、NO_x 的排放限值加严幅度有限，PM 大幅加严，加严幅度接近 90%。修改单增加了 NH_3 与 PN 的限值要求（表 2-7）。

表2-7　非道路移动机械用柴油机排气污染物第四阶段排放限值

额定净功率（P_{max}）/ kW	CO/ [g/(kW·h)]	HC/ [g/(kW·h)]	NO_x/ [g/(kW·h)]	HC+NO_x/ [g/(kW·h)]	PM/ [g/(kW·h)]	NH_3/ ppm	PN/ [#/(kW·h)]
$P_{max} > 560$	3.5	0.40	3.5, 0.67[1]	—	0.10		—
$130 \leqslant P_{max} \leqslant 560$	3.5	0.19	2.0	—	0.025		
$56 \leqslant P_{max} < 130$	5.0	0.19	3.3	—	0.025	25[2]	5×10^{12}
$37 \leqslant P_{max} < 56$	5.0	—	—	4.7	0.025		
$P_{max} < 37$	5.5	—	—	7.5	0.6		—

[1] 适用于可移动式发电机组用 $P_{max} > 900$ kW 的柴油机。

[2] 适用于使用反应剂的柴油机。

2. 非标准循环限值

非标准循环要求每个试验点各种污染物（不包含 PN）的比排放量应不超过标准循环限值的 2 倍。

3. 耐久性要求

为确保定型或批量生产的机械（柴油机）在规定有效寿命期内的排气污染物都能满足限值要求，标准提出了耐久性要求。与非道路柴油机械国三阶段标准相比，非道路国四标准给出了指定的劣化系数，各项污染物的比排放量乘以表 2-8 中指定的劣化系数，结果应满足限值要求。

表 2-8 各类污染物的推荐劣化系数

污染物	CO	HC	NO_x	PM	PN	NH_3
指定的劣化系数	1.3	1.3	1.15	1.05	1.0	1.0

对于使用指定的劣化系数通过型式检验的机型，由生产企业提出书面申请，自提出申请一年内，可以通过实测确定劣化系数或劣化修正值，以替代指定的劣化系数，对型式检验报告中的劣化系数进行变更。

四、排放控制诊断系统要求

1. NO_x 控制诊断系统（NO_x control diagnostic system，NCD）

从非道路国四阶段开始，一部分柴油机采用选择性催化还原技术，即通过在尾气中喷射反应剂来降低 NO_x 排放，因而反应剂能否正常喷射直接关系到 NO_x 的排放是否达标。NO_x 控制诊断系统的目的就是确保反应剂喷射系统正常运行，保持其排放控制功能。但用户为节约成本采用各种作弊手段逃避添加反应剂，导致机械实际 NO_x 排放超标严重。非国四标准完善了 NO_x 控制诊断系统，能够识别人为因素造成 NO_x 排放超标的问题，如反应剂存量低、反应剂质量异常等。NO_x 控制诊断系统通过限扭、限速等措施，督促用户正确添加反应剂，确保 SCR 系统正常工作。

　　NO_x 控制诊断系统具有驾驶员报警功能，当系统监测到反应剂存量低、反应剂质量异常、反应剂喷射中断或因篡改导致故障时，通过报警通知驾驶员添加合格反应剂或维修机械。机械配备的驾驶性能限制系统有两种方案：当机械有两级驾驶性能限制系统时，在激活初级驾驶性能限制系统（性能限制）后再激活严重驾驶性能限制系统（有效限制）；仅有一级严重限制系统（有效限制机械运行），按 HJ 1014—2020 附录 C 中 C.5.3.1 条要求激活。配备两级驾驶性能限制系统的机械报警激活后继续带故障运行至设定时间会激活初级驾驶性能限制功能，即发动机扭矩下降、机械动力降低。如果初级驾驶性能限制激活后，机械仍继续带故障运行至设定时间，则会激活严重驾驶性能限制功能，具体激活条件如表 2-9 所示。

表 2-9　驾驶性能限制激活条件

监测项目	驾驶员报警激活	初级驾驶性能限制激活	严重驾驶性能限制激活
反应剂存量低	存量低于 10%	存量低于 2.5%	反应剂罐空
反应剂质量异常	反应剂浓度低于企业申报的最低尿素浓度	报警后持续运行 10h	报警后持续运行 20h
反应剂喷射中断	喷射动作计数器开始记录喷射中断	报警后持续运行 10h	报警后持续运行 20h
因篡改导致故障	因篡改导致无法对反应剂供给、质量、消耗进行诊断	报警后持续运行 36h	报警后持续运行 100h

（1）初级驾驶性能限制系统方案

在柴油机最大扭矩转速至额定转速，初级驾驶性能限制系统应在柴油机转速范围内至少逐渐降低各转速下最大可用柴油机扭矩的 25%。在初级驾驶性能限制系统被激活后，柴油机最大扭矩转速以下转速段的扭矩不能超过扭矩限制后的最大扭矩。扭矩限制速率应至少为每分钟 1%（图 2-11）。

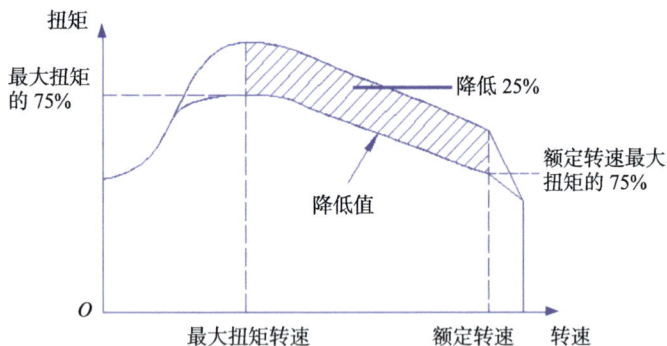

图 2-11　初级驾驶性能限制系统方案

（2）严重驾驶性能限制系统方案

在柴油机最大扭矩转速到额定转速之间的柴油机扭矩应按照最低每分钟 1 ％ 的速率逐渐降低至最大扭矩的 50 ％或更低级，在扭矩降低的同时，柴油机（恒定转速柴油机除外）转速应逐渐降低至额定转速的 60 ％ 或更低（图 2-12）。

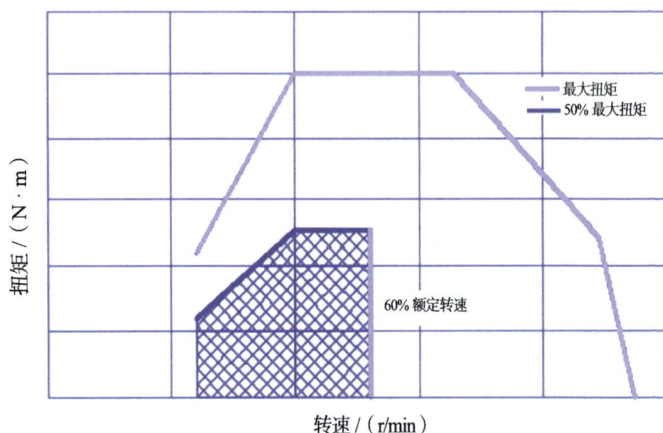

图 2-12　严重驾驶性能限制系统方案

2. 颗粒物控制诊断系统（particulate control diagnostic system，PCD）

HJ 1014—2020 要求额定功率为 37 ～ 560 kW 的发动机应加装壁流式柴油机颗粒捕集器（DPF）或更加高效的颗粒物控制装置。PCD 应该监测到颗粒物后处理系统的移除、堵塞，包括用于检测、激活、复位或调整其动作的传感器，并且在颗粒物后处理系统移除的确诊故障代码（DTC）已确认和激活后立即中断反应剂喷射，此外 PCD 应该监测到因篡改引起的故障，并通过报警、限扭、限速等措施，督促用户及时改正问题，恢复机械正常工作状态。

PCD 具有驾驶员报警功能，驾驶性能限制系统与 NCD 相同。驾驶性能限制激活计数器及限值如表 2-10 所示。

表 2-10　驾驶性能限制激活计数器及限值

监测项目	计数器第一次激活时的 DTC 状态	初级驾驶性能限制系统的计数器值	严重驾驶性能限制系统的计数器值	计数器保持的冻结值
颗粒物后处理系统的移除、堵塞	确认并激活	≤ 36 h	≤ 100 h	≥ 95% 的严重驾驶性能限制系统的计数器值
颗粒物后处理系统功能缺失	确认并激活	≤ 36 h	≤ 100 h	
PCD 故障	确认并激活	≤ 36 h	≤ 100 h	

第三节　达标管理要求

一、实际道路行驶测量限值要求

为更好地对实际使用中的机械污染物进行管控，标准规定 37 kW 及以上机械应在实际作业工况下进行 PEMS 测试，并要求 90 % 以上有效功基窗口的 CO 和 NO_x 的比排放量应不超过柴油机相应功率段限值的 2.5 倍（额定净功率小于 56 kW 的柴油机 NO_x 比排放量为该功率段 $HC+NO_x$ 限值的 2.5 倍），对于恒定转速及 560 kW 以上机械，采用累积比排放量进行污染物排放计算的，CO 和 NO_x 的比排放量同样应不超过 GB 20891—2014 表 2 相应功率段限值的 2.5 倍。

二、远程排放管理车载终端要求

对于装用额定净功率 37 kW 及以上柴油机的机械，标准要求应在出厂前加装卫星定位系统。其中，工程机械还应加装车载终端系统。机械生产企业应采取必要的技术措施，在机械全寿命内作业时，按照标准要求进行数据发送，并具备防拆除功能。主管部门在进行新生产机械达标检查和在用符合性检查时，可进行必要的检查。

三、防篡改和禁止使用失效策略要求

机械生产企业有责任防止机械的排放控制诊断系统和排放控制单元被篡改，机械上应具有防止篡改的功能。如果被篡改，机械生产企业应查明原因并向生态环境主管部门说明，给出防篡改可行技术解决方案，并在新生产机械中采取相应补救措施。

四、质保期要求

为了强化生产企业环保达标责任，非道路柴油机械国四标准首次提出了机械排放质保期规定。机械生产企业应保证排放相关零部件的材料、制造工艺及产品质量，确保其在有效寿命期内的正常功能。

1.质保期时限

生产企业应对排放相关零部件的排放质保期时限做出自我承诺，且不应短于表 2-11 中规定的时间（以先到达的为准）。

表 2-11　环保相关零部件排放质保期要求

柴油机功率段 / kW	转速 /（r/min）	质保期[1]	
		时间 /h	年限 /a
$P_{max} \geqslant 37$	任何转速	3000	5

续表

柴油机功率段 / kW	转速 /（r/min）	质保期[1]	
		时间 /h	年限 /a
$19 \leqslant P_{max} < 37$	非恒速	3000	5
	恒速 < 3000		
	恒速 ≥ 3000	1500	2
$P_{max} < 19$	任何转速	1500	2
[1] 从销售之日起计算。			

2. 信息公开要求

企业在进行信息公开时，应公开排放相关零部件名单及其相应的质保期，并将以上信息在产品说明书中进行说明。

3. 相关措施要求

排放控制相关零部件如果在质保期内，因其本身质量问题而出现故障或损坏，导致排放控制系统失效，或者车辆排放超过标准限值要求，机械生产企业应按《中华人民共和国大气污染防治法》等相关法律要求采取措施。

五、信息公开要求

1. 实施主体

为贯彻落实《中华人民共和国大气污染防治法》，环境保护部发布的《关于开展机动车和非道路移动机械环保信息公开工作的公告》（国环规大气〔2016〕3号）文件要求，非道路移动机械生产、进口企业，应当向社会公开其生产、进口非道路移动机械的环保信息，包括排放检验信息和污染物控制技术信息，并对信息公开的真实性、准确性、及时性、完整性负责，此规定自2017年7月1日起实施。

2. 信息公开内容

信息公开的内容为发动机、整机的环保信息，包括型式检验信息、排放控制技术相关信息等。涉及企业机密的相关内容，可经过技术处理后公开。

六、达标监督检查

1. 监督检查对象及方式

非道路柴油机械国四标准要求对发动机和整机进行监督管理，包括型式检验、信息公开和监督检查。监督检查包括新生产机械（发动机）生产一致性检查、机械（发动机）的在用符合性检查。

标准实施检查时有两种方式，一是生产企业自查，二是生态环境主管部门抽查。在标准实施的不同环节，不同的主体有不同的责任分工，如表2-12所示。

表2-12 监督管理环节、实施主体及实施内容

环节	实施主体	实施内容
型式检验、信息公开	发动机生产企业	自我监督发动机达标情况
	机械生产企业	应向主管部门和社会进行信息公开
新生产机械（发动机）生产一致性检查	发动机生产企业、机械生产企业	自我监督检查
	主管部门	企业自查情况检查；排放基本配置核查；污染物排放监督抽查；排放控制策略功能性检查；电控单元信息等
机械（发动机）的在用符合性检查	发动机生产企业、机械生产企业	自我监督检查
	主管部门	相关资料检查；污染物排放检查；车载终端功能性检查

2. 发动机生产一致性

（1）一般要求

标准要求机械（发动机）生产企业应确保批量生产的机械（发动机）的环保生产一致性，生产企业应具备生产

一致性保证体系，包括质量管理体系和生产一致性保证计划，能够进行从生产到出厂检验整个过程的质量检查，检查结果要进行信息公开。

按照 GB 20891—2014 的规定，发动机的生产一致性检查，除了对发动机进行 NRSC 和 NRTC 试验循环外，还包括非标准循环排放测试，以及对 NO_x 控制诊断系统、颗粒物控制诊断系统和电子控制单元（ECU）信息一致性等检查。

（2）生产企业自查

当生产企业进行自查试验时，所有项目必须全部进行。

（3）主管部门抽查

当主管部门进行抽查时，可以对所有项目，或者选取部分项目进行抽查，抽查规则及判定准则见表 2-13。

表 2-13　发动机生产一致性抽查规则及判定准则

试验项目	抽查规则	合格判定	不合格判定
发动机污染物排放	批量产品中随机抽取 3 台发动机	3 台发动机的各种污染物排放结果均不超过标准限值的 1.1 倍，且其平均值不超过标准限值	3 台发动机中有任一台发动机的某种污染物排放结果超过标准限值的 1.1 倍，或其平均值超过标准限值
车载诊断系统（OBD）和 ECU 信息	批量产品中随机抽取 1～3 台发动机	抽查的发动机全部满足标准要求	抽查的发动机中有任一台不满足标准要求

3. 机械生产一致性

（1）一般要求

为了进一步监管生产企业制造的产品是否符合标准要求，HJ 1014—2020 提出了新生产机械的达标监督检查规定，包括企业自查要求和主管部门监督检查要求。

（2）生产企业自查

生产企业对产品按系族进行排放达标自查，包括自查项目、自查方法、抽样方法和抽样比例等，并将自查计划和自查结果进行信息公开。其中，机械排放自查应按照 HJ 1014—2020 的附录 E 和 GB 36886—2018 的规定进行测试。自查试验的记录文档应至少保存 5 年。

企业可以不对每个机械系族进行自查，但自查的机械系族应具有足够的代表性，确保其他系族也能达标。对机械进行自查存在困难的，应说明原因，可在使用不超过 500 h 期间进行新生产机械达标自查，并向生态环境主管部门说明。

（3）主管部门抽查

主管部门进行新生产机械的达标监督抽查时，应从批量生产的机械中随机抽取 3 台，进行排放基本配置核查，对企业自查结果进行检查和排放控制策略功能性检查。若 2 台以上满足标准的规定，则判定合格。若 1 台以上诊断系统无法有效访问，或者发现无诊断接口的情况，则判定不合格。

在进行污染物排放检查时，应按照 HJ 1014—2020 附录 E 或 GB 36886—2018 的要求进行测试。按 HJ 1014—2020 规定，需从批量生产的机械中随机抽取 3 台，若 3 台机械的各污染物比排放量结果均不超过 HJ 1014—2020 中 5.7.6 条要求的 1.1 倍，且其平均值不超过 5.7.6 条的要求，则判定环保一致性检查合格；若 3 台机械中任一台的某种污染物排放结果超过标准中 5.7.6 条要求的 1.1 倍，或其平均值超过 5.7.6 条的要求，则判定环保一致性检查不合格。

4. 机械（发动机）在用符合性

（1）一般要求

机械（发动机）的在用符合性是指机械（发动机）在正常使用条件下、有效寿命期内，按 HJ 1014—2020 附录 G 的规定进行检查，始终满足标准要求。对机械提出在用符合性要求，将改变多年来型式检验与实际作业排放"两张皮"的状态，对于改善大气环境质量，具有重大意义。

在用符合性检查包括机械（发动机）生产企业自查，国务院生态环境主管部门对自查报告进行审查，以及省级及以上生态环境主管部门对在用机械（发动机）进行抽查。

（2）生产企业自查

机械（发动机）生产企业应在安装了该发动机的机械首次销售后 18 个月内，制订在用符合性自查计划，并将自查计划和自查结果进行信息公开。机械（发动机）生产企业的在用符合性自查应以机械（发动机）系族为基础，可以不对每个系族都进行自查，但自查的系族应具有足够的代表性，确保其他系族也能达标。当信息公开时，机械生产企业应在适当条件下对各系族排放性能进行合理的工程评估，并同时声明其他机械系族也符合 HJ 1014—2020 中相关要求。当发动机生产企业进行自查时，应尽量选择不同机械生产企业的机械进行试验，发动机的在用符合性自查报告可以作为机械生产企业在用符合性自查报告的一部分。

（3）主管部门抽查

生态环境主管部门可以不定期地开展在用机械的符合性抽查。抽查的项目包括车载终端功能性检查、按 HJ 1014—2020 附录 E 或按 GB 36886—2018 进行机械的污染物排放检测。生态环境主管部门随机抽取 3 台机械，按 GB 36886—2018 进行排放测试时，若 2 台及以上机械的测试结果满足，则判定合格，否则不合格；按附录 E 进行测试时，若 3 台机械的各污染物比排放量结果均不超过标准中限值 2.5 倍要求的 1.1 倍，且其平均值不超过限值的 2.5 倍，则判定环保一致性检查合格；若 3 台机械中任一台的某种污染物排放结果超过限值 2.5 倍的 1.1 倍，或其平均值超过限值的 2.5 倍，则判定环保一致性检查不合格。

七、豁免相关要求

非道路第四阶段延续了非道路第三阶段豁免的要求，在第三阶段仅仅对于出口、展览、救援、应急、匹配试验、替换用柴油机等特殊用途的柴油机进行了型式检验的豁免，非道路第四阶段对豁免柴油机装用的机械也进行了豁免，只需在信息公开系统，按照系统提供的模板，不定期公开豁免的机械信息就可以了。

第三章　非道路移动机械用柴油机国三标准

第一节　概述

一、标准制定情况

2014 年 5 月 16 日，环境保护部和国家质量监督检验检疫总局联合发布了《非道路移动机械用柴油机排气污染物排放限值及测量方法（中国第三、四阶段）》（GB 20891—2014）（以下简称非道路国三标准），公布了中国第三阶段非道路移动机械用柴油机的排放控制要求。

二、适用范围

尽管自 2022 年 12 月 1 日起实施了 GB 20891—2014 标准第四阶段要求，但 560 kW 以上非道路移动机械及其装用的柴油机第四阶段实施时间尚未公布。非道路国三标准仍适用于 560 kW 以上非道路移动机械及其装用的柴油机的型式检验、生产一致性检查和耐久性要求，包括但不限于：

1.非道路移动机械用的在非恒定转速下工作的柴油机

• 工业钻探设备。

• 工程机械（包括装载机、推土机、压路机、沥青摊铺机、非公路用卡车、挖掘机、叉车等）。

• 农业机械（包括大型拖拉机、联合收割机等），林业机械，材料装卸机械，以及雪犁装备。

• 机场地勤设备。

2.非道路移动机械用的在恒定转速下工作的柴油机

• 空气压缩机。

• 发电机组。

• 渔业机械（增氧机、池塘挖掘机等）。

• 水泵。

三、实施时间

GB 20891—2014 规定，自 2014 年 10 月 1 日起，凡进行排气污染物排放型式核准的非道路移动机械用柴油机都必须符合本标准第三阶段要求。《非道路移动机械用柴油机排气污染物排放限值及测量方法（中国Ⅰ、Ⅱ阶段）》（GB 20891—2007）自 2016 年 4 月 1 日废止。

四、标准文本结构及主要内容

GB 20891—2014 标准包括前言、正文和附录 3 个部分。

正文部分主要规定了标准限值及实施管理的总体要求，有 10 个章节，具体内容见表 3-1。

表 3-1 GB 20891—2014 标准正文部分

章编号	标题名称	章编号	标题名称
1	适用范围	6	生产一致性检查
2	规范性引用文件	7	柴油机标签
3	术语和定义	8	确定柴油机系族的参数
4	型式核准的申请与批准	9	源机的选择
5	技术要求和试验	10	标准的实施

附录部分主要是对试验相关资料、各种测量方法、测量设备等进行规定，包含 8 个附录，具体内容见表 3-2。

表 3-2 GB 20891—2014 标准附录部分

编号	标题名称
附录 A	型式核准申报材料
附件 AA	柴油机（源机）的基本特点以及有关试验的资料
附件 AB	柴油机系族的基本特点
附件 AC	系族内柴油机机型的基本特点
附录 B	试验规程
附件 BA	测量和取样规程
附件 BB	标定规程

续表

编号	标题名称
附件 BC	数据确定和计算
附件 BD	耐久性技术要求
附件 BE	NRTC 试验循环中发动机测功机的设定规范
附录 C	气体和颗粒物取样系统
附录 D	基准柴油的技术要求
附录 E	柴油机功率测试所需安装的装备和辅件
附录 F	型式核准证书
附件 FA	试验结果
附录 G	生产一致性
附录 H	参考文献

五、排放控制管理和技术体系概况

非道路国三标准已建立起相对完善的管理和技术体系，如图 3-1 所示，对型式检验、企业自查、环保监督检查等方面作出了具体规定。这就要求生产企业在设计、制造和装配等环节采取技术措施，确保发动机在正常使用条件下能够有效控制排气污染物排放。

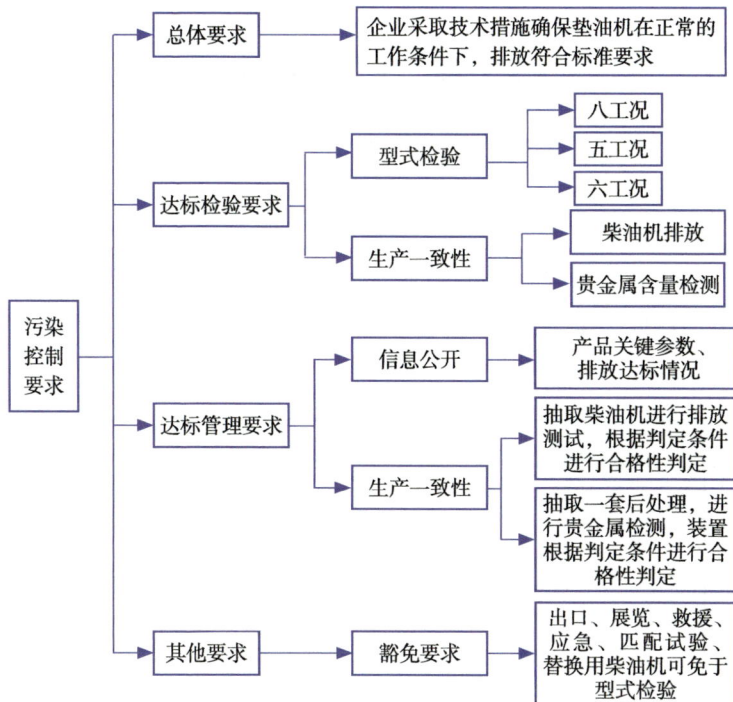

图 3-1　排放控制管理和技术体系

第二节　达标检验要求

一、检验项目

型式检验需要进行排放检验和耐久性检验，详细检验项目见表 3-3。

表 3-3　型式检验项目要求

检验类别	试验循环	
排放检验	稳态循环 （按要求选择 一种工况）	八工况
		六工况
		五工况
	瞬态循环	NRTC
耐久性检验	企业基于良好的工程方法确定	

二、试验方法

非道路国三阶段柴油机排放标准型式检验的对象为发动机。发动机排放检测在发动机台架上进行，通过发动机台架控制发动机的启动、运行工况变化和停机，模拟发动机的动力输出情况，同时排放分析系统采集并分析发动机尾气中各种气体污染物和颗粒物排放情况。GB 20891—2014标准涉及的非道路国三型式检验台架试验稳态循环（NRSC）包括五工况、六工况、八工况试验循环。

三、排放限值

非道路移动机械用柴油机排气污染物中的一氧化碳（CO）、碳氢化合物（HC）和氮氧化物（NO_x）、颗粒物（PM）的比排放量，乘以按照标准GB 20891—2014附件BD.2.9条所确定的劣化系数（安装排气后处理系统的柴油机），或加上标准附件BD.2.10条所确定的劣化修正值（未安装排气后处理系统的柴油机），结果不应超出表3-4规定的限值。

表 3-4 非道路国三阶段污染物排放限值

功率 (P_{max}) /kW	CO/ [g/ (kW·h)]	HC/ [g/ (kW·h)]	NO_x/ [g/ (kW·h)]	HC+NO_x/ [g/ (kW·h)]	PM/ [g/ (kW·h)]
$P_{max} > 560$	3.5	—	—	6.4	0.20
$130 \leqslant P_{max} \leqslant 560$	3.5	—	—	4.0	0.20
$75 \leqslant P_{max} < 130$	5.0	—	—	4.0	0.20
$37 \leqslant P_{max} < 75$	5.0	—	—	4.7	0.40
$P_{max} < 37$	5.5	—	—	4.7	0.60

第三节　达标管理要求

一、实施主体和信息公开

实施主体和信息公开内容与第二章第三节相关内容相同。

二、生产一致性

GB 20891—2014除对发动机型式检验提出要求外，还规定了发动机的生产一致性检查要求。

生产一致性检查是产品生产阶段对产品质量的有效监管，是为了确保批量生产的产品与型式检验定型的产品排放性能一致。主管部门对制造厂提出的生产一致性保证要求包括对质量管理体系的评估，以及对已型式核准的车型（或发动机机型）生产过程控制的确认核查。主管部门在批准型式核准之前，必须核定制造厂是否具备有效控制生产过程的计划和规程，在进行型式核准时，需要同时核实制造厂所做的保证计划和书面控制计划。

生产一致性检查分为企业自查和主管部门抽查，检查内容为型式检验项目。根据主管部门对企业提供的生产标准差是否感到满意或者生产企业自身要求，标准规定了生产一致性检查相应的判定方法,详细内容见 GB 20891—2014 附件 FA,主管部门在生产一致性检查时可以选择如下方法和判定准则:

• 从批量生产的柴油机中随机抽取 3 台样机。制造企业不得对抽样后用于检验的柴油机进行任何调整,但可以按照制造企业的技术规范进行磨合。

• 若上述 3 台柴油机的各种污染物比排放量结果均不超过 GB 20891—2014 第 5 条规定限值的 1.1 倍,且其平均值不超过限值,则判定环保一致性检查合格。

• 若 3 台样机中有任一台样机的某种污染物比排放量超过限值的 1.1 倍,或其平均值超过限值,则判定环保一致性检查不合格。

第四章 非道路移动机械用小型点燃式发动机排放标准

第一节 概述

一、标准制定情况

2010 年，环境保护部和国家质量监督检验检疫总局联合发布了《非道路移动机械用小型点燃式发动机排气污染物排放限值与测量方法（中国第一、二阶段）》（GB 26133—2010），对非道路移动机械用小型点燃式发动机第一阶段和第二阶段的型式核准和生产一致性检查的排气污染物排放限值和测量方法作出了规定。

此标准技术内容主要采用了 GB/T 8190.4（idt ISO 8178）《往复式内燃机 排放测量 第 4 部分：不同用途发动机的试验循环》的运转工况，修改采用欧盟（EU）指令 97/68/EC 及其修正案 2002/88/EC《关于协调各成员国采取措施防治非道路移动机械用内燃机气体污染物和颗粒物排放的法律》以及美国法规 40 CFR Part 90《非道路点燃式发动机排放控制》的相关技术内容。

二、适用范围

适用于（但不限于）下列非道路移动机械用净功率不大于 19 kW 发动机的型式核准和生产一致性检查，如：

- 草坪机。
- 油锯。
- 发电机。
- 水泵。
- 割灌机。

净功率大于 19 kW 但工作容积不大于 1 L 的发动机可参照此标准执行。

标准不适用于驱动船舶行驶、地下采矿或地下采矿设备、应急救援设备、娱乐用车辆（如雪橇、越野摩托车和全地形车辆等）和为出口而制造的 5 种用途发动机。

三、实施时间

1. 型式核准实施时间

本标准型式核准实施时间如表 4-1 所示。

表 4-1　型式核准实施时间

第一阶段	第二阶段	
非手持式和手持式发动机	非手持式发动机	手持式发动机
2011 年 3 月 1 日	2013 年 1 月 1 日	2015 年 1 月 1 日

2.制造、销售时间要求

自型式核准执行日期之后一年起，所有制造和销售的发动机应符合本标准的要求。

四、标准文本结构及主要内容

GB 26133—2010 标准包括前言、正文和附录 3 个部分。

1.正文部分

正文部分主要规定了适用范围、标准限值及监督管理的总体要求，有 10 个章节，具体内容见表 4-2。

表 4-2　GB 26133—2010 标准正文部分

章编号	标题名称	章编号	标题名称
1	适用范围	6	生产一致性检查
2	规范性引用文件	7	发动机标签
3	术语和定义	8	确定发动机系族的参数
4	型式核准的申请与批准	9	源机机型的选择
5	技术要求	10	标准的实施

2.附录部分

附录部分主要是对试验相关资料、各种测量方法、测量设备等进行规定，包含 6 个规范性附录，具体内容见

表 4-3。

表 4-3　GB 26133—2010 标准附录部分

编号	标题名称
附录 A	型式核准申报材料
附录 B	试验规程
附录 C	基准燃料的技术要求
附录 D	分析和取样系统
附录 E	型式核准证书
附录 F	生产一致性保证要求

五、排放控制管理和技术体系概况

《非道路移动机械用小型点燃式发动机排气污染物排放限值与测量方法（中国第一、二阶段）》（GB 26133—2010）中对型式检验、企业自查、环保监督检查、耐久性要求等方面作出了具体规定（图 4-1），使生产企业在设计、制造和装配等环节采取技术措施，确保发动机在正常使用条件下能够有效控制排气污染物排放。

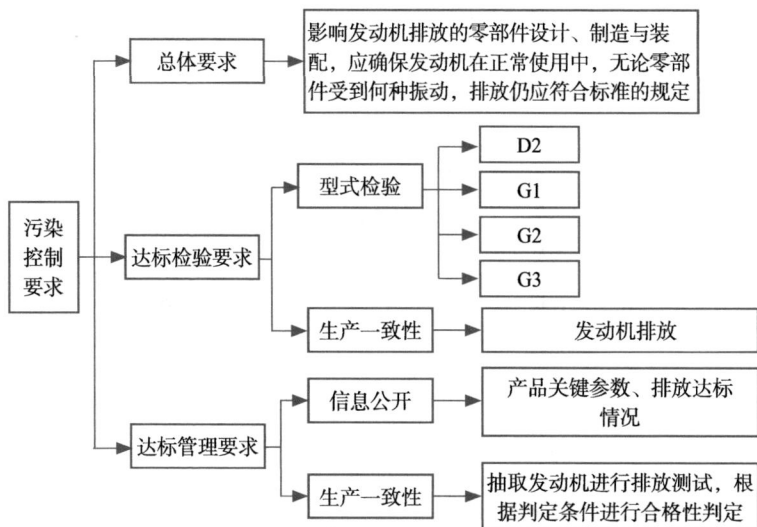

图 4-1　小型点燃式发动机排放控制管理和技术体系

第二节　达标检查要求

一、发动机分类

GB 26133—2010 规定了发动机正常使用条件下，在发动机使用寿命期内，排放均应满足标准要求。发动机按工作容积进行分类，不同类型的发动机使用寿命及排放要求有所差别。

发动机类别代号及对应工作容积见表 4-4。"SH" 指手持式机械装用的发动机，"FSH"指非手持式机械装用的发动机。

表 4-4　发动机类别及对应工作容积

发动机类别代号	工作容积 V/cm^3
SH1	$V < 20$
SH2	$20 \leqslant V < 50$
SH3	$V \geqslant 50$
FSH1	$V < 66$
FSH2	$66 \leqslant V < 100$
FSH3	$100 \leqslant V < 225$
FSH4	$V \geqslant 225$

二、试验方法

1. 试验循环

型式检验需进行发动机稳态循环试验，本标准规定了 4 种试验循环，见表 4-5。应按非道路小汽油机械的类型，在以下 4 个试验循环中选择适用的试验循环，并在测功机上进行测试。

表 4-5　检验项目

序号	循环类别
1	D2 循环

序号	循环类别
2	G1 循环
3	G2 循环
4	G3 循环

（1）D2 循环（GB/T 8190.4 D2 循环）

适用于发动机具有恒定转速及断续负荷的情况，如发电机组，它具有间歇的负荷，包括在船及火车用的发电机组（但不用于推进），冷冻机组、焊接机组，也包括空气压缩机等。D2 循环工况见图 4-2。

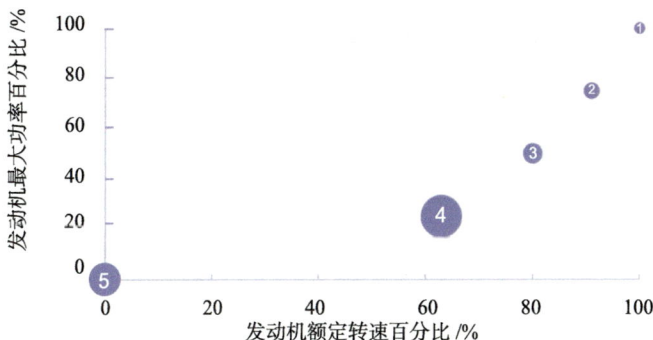

图 4-2　D2 循环工况

（2）G1 循环（GB/T 8190.4 G1 循环）

适用于在中间转速运行的非手持式发动机，如发动机前（或后）驱动的草坪机，高尔夫球车、草坪机、徒步控制的旋转或圆筒式草坪机、扫雪设备、废物处理机等（图4-3）。

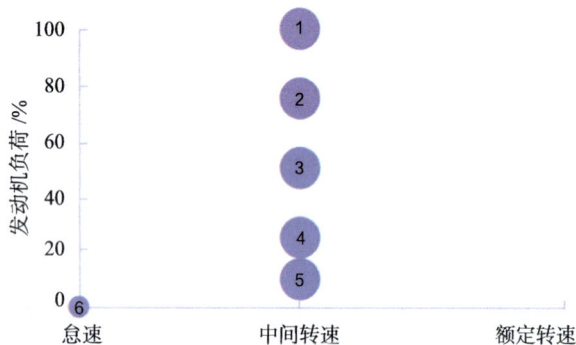

图4-3　G1循环工况

（3）G2循环（GB/T 8190.4 G2循环）

适用于非手持式发动机额定转速应用场合，如便携式发电机、泵、焊接机及空气压缩机，也可包括在发动机额定转速时工作的草地与花园设备（图4-4）。

图4-4　G2循环工况

（4）G3 循环（GB/T 8190.4 G3 循环）

适用于手持式发动机应用场合，也适用于 FSH1 发动机，如风机、油锯、绿篱修剪机、便携式锯床、旋耕机、喷雾器、修边机、真空设备等（图 4-5）。

图 4-5　G3 循环工况

2. 权重

试验工况数和权重系数被用于计算各类污染物加权比排放量（测试结果）。对于某一种污染物，加权比排放量等于总排放量（各工况污染物排放量与权重系数的乘积之和）除以总功率（各工况功率与权重系数乘积之和）。试验工况及权重系数见表 4-6。

表 4-6 试验工况及权重系数

D2 循环					
工况号	1	2	3	4	5
发动机转速	额定转速				
负荷 /%	100	75	50	25	10
权重系数	0.05	0.25	0.3	0.3	0.1

G1 循环						
工况号	1	2	3	4	5	6
发动机转速	中间转速					低怠速
负荷 /%	100	75	50	25	10	0
权重系数	0.09	0.2	0.29	0.3	0.07	0.05

G2 循环						
工况号	1	2	3	4	5	6
发动机转速	额定转速					低怠速
负荷 /%	100	75	50	25	10	0
权重系数	0.09	0.2	0.29	0.3	0.07	0.05

G3 循环		
工况号	1	2
发动机转速	额定转速	低怠速
负荷 /%	100	0
阶段 I 权重系数	0.90	0.10
阶段 II 权重系数	0.85	0.15

三、排放限值

1. 第一阶段

发动机排气污染物的比排放量不得超过表 4-7 中的限值。

表 4-7　发动机排气污染物排放限值（第一阶段）

发动机类别代号	污染物排放限值 /[g/（kW·h）]			
	CO	HC	NO_x	$HC+NO_x$
SH1	805	295	5.36	—
SH2	805	241	5.36	—
SH3	603	161	5.36	—
FSH1	519	—	—	50
FSH2	519	—	—	40
FSH3	519	—	—	16.1
FSH4	519	—	—	13.4

2. 第二阶段

自第二阶段开始，发动机排气污染物的比排放量不得超过表 4-8 中的限值，同时发动机应满足表 4-9 和 GB 26133—2010 附件规定的排放控制耐久性要求。制造企业应声明每个发动机系族适用的耐久期类别。所选类别应尽可能地接近发动机拟安装机械的寿命。

表 4-8   发动机排气污染物排放限值（第二阶段）

发动机类别代号	污染物排放限值 /[g/（kW·h）]		
	CO	HC+NO$_x$	NO$_x$
SH1	805	50	
SH2	805	50	
SH3	603	72	
FSH1	610	50	10
FSH2	610	40	
FSH3	610	16.1	
FSH4	610	12.1	

表 4-9   发动机排放控制耐久期

发动机类别代号	排放控制耐久期类别 /h		
	1	2	3
SH1	50	125	300
SH2	50	125	300
SH3	50	125	300
FSH1	50	125	300
FSH2	125	250	500
FSH3	125	250	500
FSH4	250	500	1000

注：1. 对于手持式和非手持式发动机，制造企业应从表中选择排放控制耐久期的类别。

2. 用于扫雪机的二冲程发动机，无论是否为手持式，只需要满足相应工作容积的 SH1、SH2 或 SH3 类发动机限值要求。

3. 对于以天然气为燃料的发动机，可选择使用非甲烷碳氢化合物（NMHC）代替 HC（适用于耐久试验）。

第三节　达标管理要求

一、型式检验和信息公开要求

型式检验和信息公开是监督管理的首要环节。型式检验是指发动机企业按照标准的各项技术要求，对发动机进行定型试验，以验证产品能否满足标准技术要求。

二、生产一致性保证要求

生产一致性监督管理主要有两种方式，一是生产企业自查，二是由相关管理部门开展的监督检查，主要有以下要求：

1. 总则

制造企业应具备生产一致性保证能力并接受型式核准机构的监督检查。

2. 生产一致性保证计划

型式检验机构在进行型式检验时，应核实制造企业是否已具备相应型式检验内容所做的生产一致性保证计划。

制造企业应按照生产一致性保证计划进行生产，生产一致性保证应至少包括：

（1）具有并执行生产一致性规程，能有效地控制产品

（系统、零部件或总成）与已型式核准的机型（或系族）一致；

（2）为检查已获型式核准机型（或系族）的一致性，需使用必要的试验设备或根据企业自身条件选择其他合适的措施；

（3）记录试验或检查的结果并形成文件，该文件要在型式核准机构规定的期限内一直保留，并可以获取；

（4）分析试验或检查结果，以便验证和确保产品排放特性的稳定性，以及制定生产过程控制允差；

（5）如任一组样品在要求的试验或检查中被确认一致性不符合，应采取必要纠正措施，并进行再次检查，以确认是否改善并恢复了生产一致性保证能力。

3. 监督检查

生态环境主管部门可随时和（或）定期监督检查制造企业生产一致性保证计划的持续有效性。

由生态环境主管部门和（或）其委托的单位进行监督检查。

由生态环境主管部门确定监督检查的周期，确保制造企业的生产一致性保证计划的持续有效性得到监督检查。

第五章　船舶排放标准

第一节　概述

一、标准制定情况

2016 年 8 月 22 日，环境保护部和国家质量监督检验检疫总局联合发布了《船舶发动机排气污染物排放限值及测量方法（中国第一、二阶段）》（GB 15097—2016），这是我国第一部对内河船舶排放提出限值要求的法规文件，填补了我国内河船舶大气污染物排放标准的空白。标准的技术内容主要采用欧盟（EU）指令 97/68/EC（截至修订版 2004/26/EC）《关于协调各成员国采取措施防治非道路移动机械用压燃式发动机气体污染物和颗粒物排放的法律》中有关船机的技术内容。第二阶段的排放限值要求参照美国 EPA 法规 40 CFR Part 1042《压燃式船用发动机排放控制》中的相关规定。对船舶和船机大修后的要求参照美国 EPA 法规 40 CFR Part 94《压燃式船用发动机排放控制》中的相关规定。

二、适用范围

《船舶发动机排气污染物排放限值及测量方法（中国第一、二阶段）》（GB 15097—2016）规定了船舶装用的压燃式发动机及点燃式气体燃料（含柴油天然气双燃料）发动机（以下简称船机）排气污染物排放限值及测量方法。该标准适用于内河船、沿海船、江海直达船、海峡（渡）船和渔业船舶装用的额定净功率大于 37 kW 的第 1 类和第 2 类船机（包括主机和辅机）的型式检验、生产一致性检查和耐久性要求。标准也规定了船舶和船机实施大修后的排放要求。

本标准不适用于三种情况下的内河船舶：

（1）船舶装用的应急船机、安装在救生艇上或只在应急情况下使用的任何设备或装置上的船机；

（2）第 3 类船机执行 GD 01（GD 14—2020）的要求；

（3）额定净功率不超过 37 kW 的船机执行 GB 20891 标准。

三、实施时间

1. 型式检验

GB 15097—2016 标准实施分为两个阶段。自表 5-1 规定的日期起，凡进行型式检验的新型船机均应符合本标准相应阶段要求。在表 5-1 规定的日期之前，可以按照本标准的相应要求进行型式检验。

表 5-1　GB 15097—2016 标准实施时间

第一阶段	第二阶段
2018 年 7 月 1 日	2021 年 7 月 1 日

2. 船机的销售、进口和投入使用

自表 5-1 规定的执行日期之后 12 个月起，所有销售、进口和投入使用的船机（含作为配件的船机），其排气污染物排放应符合本标准要求。凡不满足本标准相应阶段要求的船机不得销售、进口和投入使用。

3. 船机大修和更换船机

自 2019 年 7 月 1 日起，要求当船机大修后仍然安装到相同的船上时，应采用合理的技术手段和质量保证要求，使船机大修过程中的零部件公差、校准和规格参数等和大修前一致，以保证排放水平不低于该机型型式检验的排放水平。实施船机大修时，应按照船机制造企业推荐的操作规程，检查、清洗、调整、维修或替换与排放相关的关键零部件，且大修记录至少保留 2 年，并在需要时提交给主管部门。当船舶更换船机时，新更换船机应符合船舶定型当时的标准相应阶段排放要求。具体按照

GB 15097—2016 标准中正文 5.2.5 条和附录 H 内容执行。

四、标准文本结构

GB 15097—2016 标准文本包含前言、正文和附录 3 个部分。其中，正文部分共有 11 章内容，见表 5-2。

表 5-2　GB 15097—2016 标准正文部分

章编号	标题名称	章编号	标题名称
1	适用范围	7	生产一致性检查
2	规范性引用文件	8	船机标签
3	术语和定义	9	确定船机系族的参数
4	型式检验和检验信息公开	10	源机的选择
5	技术要求和试验	11	标准的实施
6	船舶硫氧化物排放控制的规定	—	—

附录部分主要是对测试方法、测试设备、燃料要求等进行规定，包含 10 个附录，具体内容见表 5-3。

表 5-3　GB 15097—2016 标准附录部分

编号	标题名称
附录 A	型式检验相关信息

续表

编号	标题名称
附录 B	试验规程
附录 C	气体和颗粒物取样系统
附录 D	基准柴油的技术要求
附录 E	船机净功率测试所需安装的装备和辅件
附录 F	型式检验结果
附录 G	生产一致性
附录 H	船机大修的要求
附录 I	缩写、符号及单位
附录 J	参考文献

五、排放控制管理和技术体系概况

为落实《中华人民共和国大气污染防治法》的要求，GB 15097—2016 标准涵盖了船用发动机从型式检验到装船使用及大修过程中的排放控制技术要求、测试规定、信息公开、生产一致性和在用符合性监督检查等规定。该标准还规定了船舶污染控制要求（图 5-1），从而确保船舶发动机生产企业在设计、制造和装配等环节采取必要技术措施，使船机在规定的使用寿命周期内能够有效地控制污染物排放。

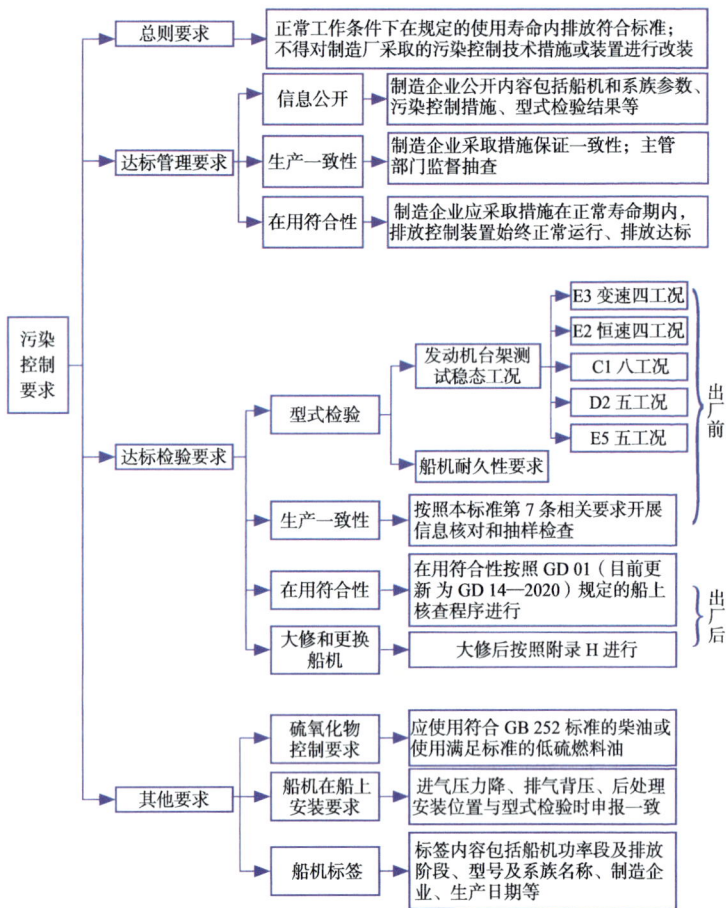

图 5-1　船机排放控制要求管理体系

第二节　船舶发动机排放控制要求

一、信息公开要求

船机制造企业或授权的代理人应按 GB 15097—2016 附录 A 和附录 F 的要求进行信息公开，包括船机和船机系族的基本参数描述、防治空气污染的措施、燃料供给型式、船机／系族的基本特点等重要内容，也包括型式检验结果，如试验边界条件、燃油和润滑油信息、吸收功率、船机转速和功率，以及排放试验结果。

涉及企业机密的相关内容，可仅向主管部门公开。对于出口、展览、救援、应急、匹配试验等特殊用途的船机，可向主管部门提出申请，免予型式检验。

二、型式检验要求

GB 15097—2016 标准中对船机污染物排放检验要求包含设计定型阶段的型式检验、批量生产阶段的生产一致性检验和主管部门的监督检验。

1. 型式检验项目

制造企业应采取技术措施确保船机在正常的工作条件下、在规定的使用寿命期内，排放控制系统正常运转，污染物排放符合本标准要求。

　　未经型式检验不得对制造厂采取的污染控制技术措施或装置（如燃油系统、电子控制系统或后处理系统等）进行任何可能影响排放的改造。

　　船机型式检验项目如表 5-4 所示。

表 5-4　船机型式检验项目

检验项目		普通柴油[1]	其他燃料[2]	可使用一种以上燃料（非混合燃料）[3]	可使用多种混合燃料[4]
稳态试验循环（四 / 五 / 八工况循环）	气态污染物	进行	进行	进行	进行
	颗粒物（PM）	进行	进行	进行	进行
耐久性试验		进行	进行	进行	进行
在用符合性		进行	进行	进行	进行
硫氧化物		进行	进行	进行	进行

[1] 应使用附录 D 规定的基准柴油。

[2] 应使用制造企业型式检验燃料类型的市售燃料，对于 NG 船机试验，制造厂可以选择测量非甲烷碳氢化合物（NMHC）代替测量碳氢化合物（HC）。

[3] 每类燃料分别进行试验，且测试结果均应满足 GB 15097—2016 规定的排放要求。

[4] 应选用会造成排放最恶劣状态的混合燃料进行试验，且测试结果应满足 GB 15097—2016 规定的排放要求。

2. 试验循环

在进行船机排放试验时，不同的船机类型应采用各自适用的试验循环进行检测，试验循环共有 5 种，均为稳态循环。试验过程中需按照以下各表中列出的工况号的顺序依次进行，每工况过渡阶段以后，在工况点的运行必须保持稳定在标准规定的偏差范围以内。船机类型及试验循环如下：

（1）按推进特性运行的船用主机

对于按推进特性运行的船用主机，按表 5-5 和图 5-2 所示的 E3 四工况循环进行试验。

表 5-5　E3 四工况循环

工况号	发动机额定转速百分比 /%	最大净功率的百分比 /%	加权系数
1	100	100	0.20
2	91	75	0.50
3	80	50	0.15
4	63	25	0.15

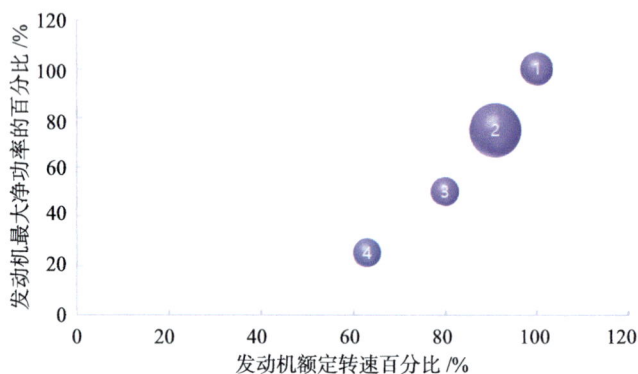

图 5-2　E3 四工况循环

（2）恒定转速船用主机

　　对于使用电力驱动或调距桨装置、在恒定转速下工作的船用主机，按表 5-6 和图 5-3 所示的 E2 四工况循环进行试验。

表 5-6　E2 四工况循环

工况号	发动机转速	负荷百分比 /%	加权系数
1	额定转速	100	0.20
2	额定转速	75	0.50
3	额定转速	50	0.15
4	额定转速	25	0.15

图 5-3　E2 四工况循环（恒定转速）

（3）非恒定转速船用辅机

对于在非恒定转速下工作的船用辅机，按表 5-7 和图 5-4 所示的 C1 八工况循环进行试验。

表 5-7　C1 八工况循环

工况号	发动机转速	负荷百分比 /%	加权系数
1	额定转速	100	0.15
2	额定转速	75	0.15
3	额定转速	50	0.15
4	额定转速	10	0.10
5	中间转速	100	0.10
6	中间转速	75	0.10
7	中间转速	50	0.10

续表

工况号	发动机转速	负荷百分比 /%	加权系数
8	低怠速	0	0.15

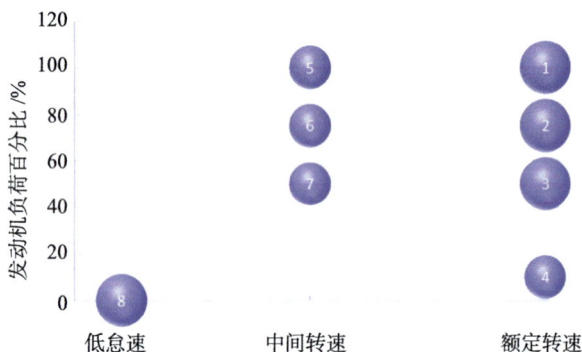

图 5-4　C1 八工况循环

（4）恒定转速船用辅机

对于在恒定转速下工作的船用辅机，按表 5-8 和图 5-5 所示的 D2 五工况循环进行试验。

表 5-8　D2 五工况循环

工况号	发动机转速	负荷百分比 /%	加权系数
1	额定转速	100	0.05
2	额定转速	75	0.25
3	额定转速	50	0.30
4	额定转速	25	0.30
5	额定转速	10	0.10

图 5-5　D2 五工况循环

（5）第 1 类船机（娱乐用）

对于第 1 类船机（娱乐用），应按表 5-9 和图 5-6 所示的 E5 五工况循环进行试验。

表 5-9　E5 五工况循环

工况号	发动机额定转速百分比 /%	最大净功率的百分比 /%	加权系数
1	100	100	0.08
2	91	75	0.13
3	80	50	0.17
4	63	25	0.32
5	怠速	0	0.30

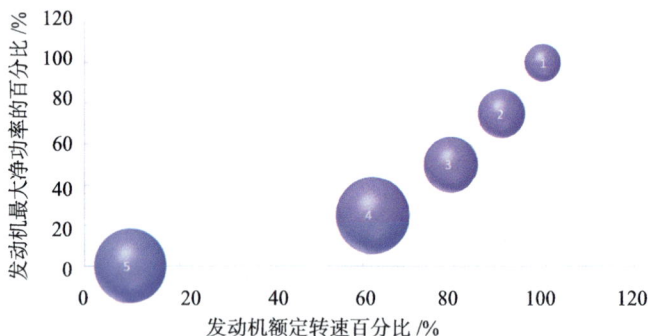

图 5-6　E5 五工况循环

3. 排气污染物的记录和结果计算

（1）数据采集的基本要求

船机起动后应在额定功率点运行，当水温、排气温度稳定后，调整试验边界条件，边界条件满足企业申报要求后方可进行数据的记录。燃油温度应在制造企业规定的位置或在燃油喷射泵的进口测量，应记录测量点的位置。

（2）气态污染物测试数据记录

对于气态污染物，在每个工况点，应在发动机稳定运行至少 10min 后开始记录测试数据，对最后至少 3min 记录的数据进行平均。工况时间应该记录并写入报告中。

（3）发动机运行相关数据采集和记录

记录气态污染物排放量的同时，还要采集每个工况点的开始和结束时间、进气温度、湿度、流量、燃油流量、排气温度、排气压力、缸内平均有效压力、中冷前后温度压力等试验参数，并最终记录到试验报告中。如果由于船机太大而不能进行排气流量或进气流量的测量，可以只测量燃油消耗量，然后用碳平衡方法计算出排气流量。

（4）颗粒物采样和测试数据记录

对大型船机，颗粒物采样建议使用多滤纸法，即在试验循环的每个试验工况使用一对滤纸，整个试验循环需要多对滤纸。可以有效避免因为某一个点失败而导致所有工况点需要重新记录的情况。

每个工况最少需要 10min。当对某台船机进行试验时，为了在测量滤纸上获得足够的颗粒物质量，需要更长的取样时间时，试验工况时间可以根据需要延长。颗粒物采样和气态污染物测量的完成时间应一致。

（5）测试结果加权计算

试验结束后，将每个工况点采集的排气污染物及船机运行数据加权计算得到其他污染物的比排放结果。将每个工况点采集的颗粒物重量加权计算得到颗粒物比排放结果。

4. 船机的耐久性要求

（1）耐久寿命要求

耐久性要求是为了确保定型或批量生产的船机能在规定的有效寿命周期内（表 5-10）排气污染物都能满足限值

要求。

表 5-10　有效寿命要求

船机类型	有效寿命[1]		允许最短试验时间 /h
	时间 /h	年限 /a	
第 1 类和第 2 类	10000	10	2500
第 1 类（娱乐用）	1000	10	500
[1] 有效寿命小时数和年限，以先到者为准。			

（2）耐久试验要求

船机生产企业应以良好的工程方法为基础，采用能够代表在用发动机排放性能劣化的试验循环。进行耐久性试验，一般基于等油耗原则采用加速老化的方法进行耐久试验。

（3）劣化系数或劣化修正值测试和计算

应在耐久试验过程中进行多次排放测试，分别在磨合期结束时、耐久性试验结束时、耐久性试验期间选择的几个间隔点。基于这几次排放结果，利用最小二乘法确定有效寿命期终点的排放值，进而计算出劣化系数或劣化修正值。

对于安装排气后处理系统的发动机，分别计算各污染物的耐久性试验起点和有效寿命期终点的污染物排放量的比值，获得劣化系数（DF_i）。如果 DF_i 小于 1，则视为 1。

对于不安装排气后处理系统的发动机，分别计算各污染物的耐久性试验起点和有效寿命期终点的污染物排放量的差值，获得各污染物的劣化修正值（DC_i）。如果 DC_i 小于 0，则视为 0。

（4）其他劣化系数或劣化修正值获得方法

在合理的技术分析基础上，生产企业可以将已经型式检验的重型道路或非道路压燃式发动机确立的劣化系数或劣化修正值应用到相同型号的船用发动机上。

5.限值要求

本标准包括船机排气污染物第一、二阶段排放限值（表 5-11）。

表5-11　船机排气污染物第一、二阶段排放限值

船机类型	单缸排量(SV)/(L/缸)	额定净功率(P)/kW	CO [g/(kW·h)] 第一阶段	CO 第二阶段	HC+NOₓ [g/(kW·h)] 第一阶段	HC+NOₓ 第二阶段	CH₄[1] [g/(kW·h)] 第一阶段	CH₄ 第二阶段	PM [g/(kW·h)] 第一阶段	PM 第二阶段
第1类	SV<0.9	P≥37	5.0	5.0	7.5	5.8	1.5	1.0	0.40	0.30
	0.9≤SV<1.2		5.0	5.0	7.2	5.8	1.5	1.0	0.30	0.14
	1.2≤SV<5		5.0	5.0	7.2	5.8	1.5	1.0	0.20	0.12
第2类	5≤SV<15	P<2000	5.0	5.0	7.8	6.2	1.5	1.2	0.27	0.14
		2000≤P<3700	5.0	5.0	7.8	7.8	1.5	1.5	0.27	0.14
		P≥3700	5.0	5.0	7.8	7.8	1.5	1.5	0.27	0.27
	15≤SV<20	P<2000	5.0	5.0	8.7	7.0	1.6	1.5	0.50	0.34
		2000≤P<3300	5.0	5.0	8.7	8.7	1.6	1.6	0.50	0.50
		P≥3300	5.0	5.0	9.8	9.8	1.8	1.8	0.50	0.50
	20≤SV<25	P<2000	5.0	5.0	9.8	9.8	1.8	1.8	0.50	0.27
		P≥2000	5.0	5.0	9.8	9.8	1.8	1.8	0.50	0.50
	25≤SV<30	P<2000	5.0	5.0	11.0	11.0	2.0	2.0	0.50	0.27
		P≥2000	5.0	5.0	11.0	11.0	2.0	2.0	0.50	0.50

[1] 仅适用于NG(含双燃料)船机。

6.船机硫化物排放要求

沿海船、海峡（渡）船和在近海作业的渔业船舶，应使用符合 GB 252 标准的柴油。若船机设计需要使用船用燃料油，应使用符合国家标准及法规规定的低硫船用燃料油；对安装污染控制装置的船舶，其 SO_2 排放不超过使用低硫船用燃料的，可使用其他燃料，且船舶应有明显的标识。

三、生产一致性要求

1. 生产一致性保证计划

为确保正式投产的船机的排放特性与型式检验的一致性，主管部门要求制造企业必须按照生产一致性保证计划进行生产，使其正式投产的每一船机机型（或系族）与已型式检验船机机型（或系族）一致。生产一致性保证计划应至少包括：

（1）具有并执行能有效地控制产品（系统、零部件或总成）与已型式检验船机机型（或系族）一致的规程；

（2）为检查已型式检验船机机型（或系族）的一致性，需使用必要的试验设备或其他相应设备；

（3）记录试验或检查的结果并形成文件，该文件要在主管部门规定的期限内一直保留，并可获取；

（4）分析试验或检查结果，以便验证和确保产品排放特性的稳定性，以及制订生产过程控制允差；

（5）如任一组样品或试件在要求的试验或检查中被确认一致性不符合，需进行再次取样并试验或检查。同时，采取必要纠正措施，恢复其一致性。

2. 监督抽查

生态环境主管部门可随时或定期监督检查制造企业生产一致性保证计划的持续有效性。若监督检查发现不满意的结果，则制造企业应采取必要措施尽快恢复生产一致性。

第三节　船机大修的要求

一、基本技术要求

企业应采用合理的技术手段和质量保证要求，使船机大修过程中的零部件公差、校准和规格参数等和大修前一致，以保证排放水平不低于该机型型式检验的排放水平。合理的技术手段应至少包含以下技术要求：

1. 大修用零部件功能要求

船机大修时安装的零部件不管是新生产的、用过的或大修的，应确认这些零部件和大修前装用的零部件在排放控制功能方面是相同的。

2. 船机设计要素修改要求

如对船机参数进行调整或对其他设计要素进行修改，必须首先满足两个条件：一是以船机制造企业对大修的相关要求为依据；二是有数据表明，在发动机或类似的部件上进行这种参数调整或设计要素更改，不会对排放产生不利影响。

二、排放达标要求

当船机大修后仍然安装到相同的船上时，大修过的船机的排放水平应不低于型式检验原机的排放水平。

三、操作要求

1. 船机大修

实施船机大修时，应按照船机制造企业推荐的操作规程，检查、清洗、调整、维修或替换（如有必要）所有与排放相关的关键零部件。

2. 船机安装上船

当大修后的船机安装到船上时，应按照船机制造企业推荐的操作规程检查所有与排放相关的关键零部件。

3. 关键零部件

与排放相关的关键零部件包括船机基础参数、进气系统、燃油系统、发动机冷却系统、排气系统、排气排放控制系统、曲轴箱排放控制系统等。

四、记录保留要求

当大修一台船机时，应保留此台船机大修过程的记录。当在流水线上大修一个船机系族时，应保留此船机系族大修过程的记录。同时，应妥善保管实施船机大修的记录至少 2 年，并在需要时提交给主管部门。

大修记录至少应包括：

（1）船机大修所需要的工时数；

（2）对船机和排放相关的关键零部件所做的工作，包括关键零部件清单、对发动机参数的调整等。

第四节 我国船舶排放控制区管理要求

2015 年 8 月，交通运输部发布了《船舶与港口污染防治专项行动实施方案（2015—2020 年）》，提出了船舶与港口污染防治的具体目标、实施途径等。随后于 2015 年 12 月交通运输部发布了《珠三角、长三角、环渤海（京津冀）水域船舶排放控制区实施方案》，该方案在我国沿海设立珠三角、长三角、环渤海（京津冀）3 个船舶排放控制区（emission control area，ECA），确定排放控制区内的核心港口区域，并提出具体控制要求。2018 年 12 月，交通运输部发布了《船舶大气污染物排放控制区实施方案》（以下简称方案），重新划定了新的排放控制区。船舶大气污染物排放控制区有三个方面的环保要求。

一、硫氧化物和颗粒物排放控制要求

硫氧化物和颗粒物排放控制要求主要是燃油硫含量要求，包括：2019 年 1 月 1 日起，海船进入排放控制区，应使用硫含量不大于 0.5% 的船用燃油；2020 年 1 月 1 日起，海船进入内河控制区，应使用硫含量不大于 0.1% 的船用燃油；2022 年 1 月 1 日起，海船进入沿海控制区海南水域，应使用硫含量不大于 0.1% 的船用燃油等。

二、船舶氮氧化物排放控制要求

当前，要求不同船舶类型满足相应的《国际防止船舶造成污染公约》第一或第二阶段氮氧化物排放限值要求，即 2022 年 1 月 1 日及以后建造或进行船用柴油发动机重大改装的、进入沿海控制区海南水域和内河控制区的中国籍国内航行船舶（单缸排量大于或等于 30L）满足《国际防止船舶造成污染公约》第三阶段氮氧化物排放限值要求。

三、船舶靠港使用岸电要求

岸电技术，就是用岸基电源替代柴油机发电，直接对邮轮、货轮、集装箱船、维修船舶等供电，以减少船舶在港口停泊时的污染物排放。

方案对不同类型的船舶提出了安装船舶岸电系统船载装置的时间要求，以及使用岸电的时间表和具体要求。使用岸电的要求自 2019 年 7 月 1 日起开始实施，此后在适用的船舶范围和停泊时间等方面的要求将逐步加严。

第五节　国际船机环保标准法规简介

一、远洋船舶标准法规发布情况

国际海事组织（International Maritime Organization，IMO）发布的《国际防止船舶造成污染公约》附则如表 5-12 所示。MARPOL 73/78 附则 I ～附则 V 都是对海洋污染的控制要求，附则 VI 是首次对空气污染提出控制要求。该附则对远洋船舶 NO_x 和 SO_x 排放量作出严格的限定，提出了分阶段、分区域实施排放限值的措施。附则 VI 要求 2015 年 1 月 1 日后，在排放控制海域硫含量需低于 0.1%；2020 年 1 月 1 日后，在全球区域燃油硫含量低于

0.5%，具体如图 5-7 所示。

表 5-12　《国际防止船舶造成污染公约》附则及生效时间

名称	缩写	生效时间	我国生效时间
1973 年《国际防止船舶造成污染公约》1978 年议定书（附则 I——防止油类污染规则；附则 II——控制散装有毒液体物质污染规则）	MARPOL 73/78（Annex I / II）	1983-10-02	附则 I :1983-10-02 附则 II :1987-04-06
1973 年《国际防止船舶造成污染公约》1978 年议定书（附则 III——防止海运包装有害物质污染规则）	MARPOL 73/78（Annex III）	1992-07-01	1994-12-13
1973 年《国际防止船舶造成污染公约》1978 年议定书（附则 IV——防止船舶生活污水污染规则）	MARPOL 73/78（Annex IV）	2003-09-27	2007-02-02

续表

名称	缩写	生效时间	我国生效时间
1973 年《国际防止船舶造成污染公约》1978 年议定书（附则 V——防止船舶垃圾污染规则）	MARPOL 73/78（Annex V）	1998-12-31	1989-02-21
1973《国际防止船舶造成污染公约》1997 年议定书（附则 VI——防止船舶造成空气污染规则）	MARPOL73/78（Annex VI）	2005-05-19	2006-08-23

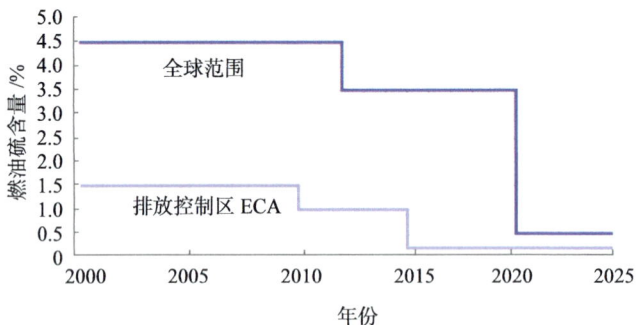

图 5-7　IMO 船舶燃油硫含量要求

　　截至目前，已有 96 个国家加入附则 VI，其所拥有的商船总吨位占世界商船总吨位的 96.72%。2008 年召开的海上环境保护委员会第 58 次会议通过了附则 VI 的修正案，该修正案大大提高了 SO_x 和 NO_x 的减排标准，已于 2010

年 7 月 1 日起生效，中华人民共和国海事局专门为此下发了关于实施《MARPOL 73/78》附则 Ⅵ 修正案的相关要求。

2023 年 7 月 IMO 海上环境保护委员会第 80 次会议（MEPC 80）审议通过了经修订的全球航运脱碳战略——"2023 年船舶温室气体减排战略"，要求国际航运业每航次二氧化碳排放量到 2030 年要比 2008 年平均减少 40% 及以上，到 2050 年前后实现温室气体（GHG）净零或近零排放技术。该战略为包括技术要素（目标型船用燃料温室气体强度标准）和经济要素（基于海运温室气体排放的碳定价机制，具体未明确）的"一篮子"中期减排措施，将在 2025 年下半年通过，2027 年生效。

二、国际内河船舶标准发布情况

1. 美国

根据美国 EPA 法规 40 CFR Part 89、40 CFR Part 94、40 CFR Part 1042，美国内河船机 Tier 2 阶段实施时间为 2004—2009 年，法规实施的时间因发动机单缸排量的不同而不同。

2. 欧盟

根据 2004/26/EC 指令，欧盟商用内河船机 Tier 1 阶段实施时间为 2006—2008 年，法规实施的时间因发动机单缸排量的不同而不同。

3. 国际标准对比

根据 MARPOL 73/78 公约附则Ⅵ，2011 年远洋船机实施 Tier 2 阶段。在排放限值方面，IMO 排放体系只控制 NO_x 和 SO_x，美国以及欧盟体系增加了对 HC、PM 和 CO 的控制，控制的项目比 IMO 体系多。从 NO_x 限值来看，欧盟第一阶段和美国第二阶段标准基本一致：单缸排量小于 20 L 的船机，欧盟和美国标准比 IMO Tier 2 严格；单缸排量大于 20 L 小于 30 L 的船机，欧盟和美国标准的控制要求和 IMO Tier 2 的要求大致相当。以上 3 项标准的排放限值见表 5-13。

表 5-13   IMO、美国、欧盟标准排放限值

功率 P/kW（单缸排量）	NO_x/[g/(kW·h)]	HC+NO_x/[g/(kW·h)]		PM/[g/(kW·h)]		CO/[g/(kW·h)]	
	IMO Tier 2	美国 Tier 2	欧盟 Tier 1	美国 Tier 2	欧盟 Tier 1	美国 Tier 2	欧盟 Tier 1
（2.5L ≤ SV<5L）	8.18～9.75	7.2	7.2	0.20	0.20	5.0	5.0
（5L ≤ SV<15L）	8.98～9.75	7.8	7.8	0.27	0.27	5.0	5.0
P<3300（15L ≤ SV<20L）	8.89～9.75	8.7	8.7	0.50	0.50	5.0	5.0
（20L ≤ SV<25L）	8.98～9.75	9.8	9.8	0.50	0.50	5.0	5.0
（25L ≤ SV<30L）	10.1～11.1	11.0	11.0	0.50	0.50	5.0	5.0

第六节　船机减排技术简介

降低船舶排气污染物的控制技术归纳起来主要分为机内净化、进气控制、燃料控制和尾气后处理四大类，以下分别进行介绍。

一、机内净化措施

发动机自身净化是最基本、最直接、最经济的削减污染物排放的手段。主要技术措施有缸内直接喷水、废气再循环、高压共轨燃油喷射系统。

1. 缸内直接喷水法

直接喷水法通过采用双喷嘴，将水和燃油经过各自的管路先后喷入发动机燃烧室内，本质上是向燃烧工质中掺水来降低燃烧温度以实现减小 NO_x 排放。其包括多种技术，如油水分多层喷射（stratified fuel and water injection，SFWI）在低速柴油机上可以减少 NO_x 排放 50%，在高速柴油机上可以减少 NO_x 排放 70%。该技术方案能实现稳定的减排作用，对柴油机及系统部件及运行的可靠性没有不良的影响，缺点是全船的淡水需求量会增加 2 ～ 3 倍。

2. 废气再循环技术

废气再循环（exhaust gas recirculation，EGR）是引

导发动机排气总管内部分排气（通常为 30% ~ 40%），重新流入进气道与正常扫气交汇后流入气缸，作为工质参与柴油机下一阶段压燃放热。由于前期的燃烧过程消耗了氧，发动机排放废气含氧量变低，进入气缸可使混合工质的含氧量降低，并增大了混合工质的热容，因此发动机在燃烧阶段的燃烧峰值温度降低，最终抑制氮氧化物的形成。该技术可以使 NO_x 排放降低 80%。此外，EGR 技术操作方便，应用在柴油机上时其与扫气箱和空冷器装配在一起，比较紧凑，占地小。

3. 高压共轨燃油喷射系统

高压共轨燃油喷射系统能够精确、柔性地控制柴油机喷油量、喷油定时和喷射压力，主要由高压泵、带调压阀的共轨管、带电磁阀的喷油器、ECU 和各种传感器组成。高压共轨燃油喷射系统可以精准控制喷射的开始和终止，高喷油压力可以保证燃油雾化性能良好，从而降低 PM、CO、HC 的排放。

二、进气控制措施

进气控制措施具体包含进气加湿、进气道蒸汽喷射。进气加湿、进气道蒸汽喷射的原理相同，都是通过增加进气中的水或水蒸气来降低燃烧温度。

1. 进气加湿法

进气加湿法是在增压器后向柴油机进气中喷入水雾以改变燃烧工况，减少 NO_x 生成和排放的措施。该措施有利于清洁缸套、燃烧室，可以实现 NO_x 减排 50% ～ 60%。进气加湿装置安装和维护费用低，在保证柴油机功率特性的情况下，不增加油耗。

2. 进气道蒸汽喷射法

进气道蒸汽喷射法是向增压后的空气中喷入低压蒸汽，该系统结构简单、成本较低。

三、燃料控制措施

燃料控制措施有燃油乳化、替代燃料发动机等。

1. 燃油乳化技术

燃油乳化技术是把燃油与水混合，使燃油发生乳化后喷入缸内燃烧的措施。当乳化油进入缸内后水分蒸发吸热，可以降低燃烧温度，从而抑制 NO_x 生成。有数据表明，采用燃油乳化技术可以降低 NO_x 生成量 30% ～ 50%。使用该技术需对发动机进行一定的改造，如更换高压油泵和油头，需要在船上配置一套乳化燃油作用的装备。单燃油乳化技术会加快缸套磨损，严重缩短缸套的使用周期，增加吊缸次数及维护费用。

2. 替代燃料发动机

船舶燃料具有多种可能的替代燃料，如甲醇、液氨、液氢等。和重油相比，替代燃料的使用可大幅减少二氧化碳、氮氧化物、硫氧化物和颗粒物等的排放。替代燃料目前尚未大规模商业化应用。

四、尾气后处理措施

尾气后处理措施主要有选择催化还原技术、柴油颗粒捕集技术、联合废气洗涤技术。

1. 选择催化还原技术

选择催化还原技术是在催化剂的条件下，将排气中氮氧化物与从外界加入排气的氨结合，通过二者的反应，将其转化为无害 N_2 和 H_2O。氨的来源通常是尿素水溶液。选择催化还原技术在车用柴油机和非道路柴油机领域已经有广泛的应用，在船用柴油机领域也逐渐开始应用。选择催化还原技术具有 NO_x 转化效率高，燃油经济性好，对硫不敏感及柴油机改动小等优点，缺点是结构较复杂，初装成本和使用维护成本较高。

2. 柴油颗粒捕集技术

柴油颗粒捕集技术是一种多孔介质过滤器，可以在排放颗粒进入大气之前将其捕捉，具有较高的颗粒物捕集效率，是解决柴油机排气颗粒污染比较有效的后处理技术。

当前车用柴油机和非道路柴油机后处理措施已经广泛使用了柴油颗粒捕集技术，可以为船舶柴油机提供参考。柴油颗粒捕集技术具有较高颗粒捕集效率，但考虑到柴油颗粒捕集技术的工作原理及特点，其适用于燃用品质较好柴油的船舶四冲程柴油机，而由于船舶大功率二冲程柴油机存在难以克服的条件，限制了其使用。

3. 联合废气洗涤技术

以重油为燃料的船舶大功率二冲程柴油机通常使用成本较低的联合废气洗涤技术降低尾气中的颗粒物和 SO_2 排放。该技术使用旋流式洗涤器，通过进气旋转产生涡流，增加废气中颗粒和捕集体液滴之间的碰撞概率，增加捕集效率，同时较强的涡流可以使废气中雾滴分离，增加除雾效率。有数据显示在使用重油的柴油机废气洗涤实验中，SO_2 和 PM 的去除效率分别可以达到 99.2% 和 75.3%。静电除尘联合传统洗涤技术可以进一步有效地去除纳米级颗粒物排放。但该技术尚待研究完善，潮湿环境适应性、高能耗、纳米级颗粒和液滴带电不足等是仍需解决的问题。

第六章　在用非道路柴油机械排放标准

第一节　概述

一、标准制定情况

随着我国汽车排放监管愈加严格，非道路移动机械污染逐步凸显。为了加强对在用机械的排放控制，生态环境部和国家市场监督管理总局在 2018 年联合发布了《非道路柴油移动机械排气烟度限值及测量方法》（GB 36886—2018），这是我国首个也是唯一的在用非道路移动机械排放国家标准。

二、标准文本结构

GB 36886—2018 标准包括前言、正文和附录 3 个部分。

正文部分主要规定了标准限值及实施管理的总体要求，有 10 个章节，具体内容见表 6-1。

表 6-1　GB 36886—2018 标准正文部分

章编号	标题名称	章编号	标题名称
1	适用范围	6	判定规则
2	规范性引用文件	7	管理要求
3	术语和定义	8	检验用仪器设备要求
4	排气烟度限值	9	检验用燃油要求
5	检验方法	10	检验报告

附录部分对检验报告和林格曼烟度法做出了要求，详情见表 6-2。

表 6-2　GB 36886—2018 标准附录部分

编号	标题名称
附录 A	（规范性附录）检验报告
附件 B	（规范性附录）林格曼烟度法

三、适用范围及实施日期

《非道路柴油移动机械排气烟度限值及测量方法》（GB 36886—2018）规定了非道路柴油机械排气烟度限值及测量方法，适用于在用非道路柴油机械和车载柴油机设备的排气烟度检验。同时，新生产和进口非道路柴油机械的排气烟度检查参照使用该标准。

标准自 2018 年 12 月 1 日起实施，自标准实施之日起，各地方相关标准废止。

第二节　检验工况及达标要求

一、检验工况

烟度检验前，受检机械装置的柴油机应充分预热。在机械装置连续测试过程中，应确保发动机处于正常的工作状态。

采用如下描述的自由加载法对在用非道路柴油机械的排气烟度进行检验：

（1）现场检验人员可以根据受检机械的实际工作状态确定加载方法，在机械装置连续正常工作过程中（如装载机从铲土到装载完毕的全过程），测量非道路柴油机械的排气烟度。

（2）在非道路柴油机械不具备加载条件的情况下，可采用 GB 3847 描述的自由加速法进行烟度测量，即在 1s 内，将油门踏板快速、连续但不粗暴地完全踩到底，使喷油泵供给最大油量。在松开油门踏板前，发动机应达到断油点转速（采用手动或其他方式控制供油量的发动机使用类似方法操作），在测量过程中应进行检查。

二、排气烟度限值

按 GB 36886—2018 第 5 章进行排气烟度检验，非道路柴油机械排气的不透光法烟度（光吸收系数）和林格曼黑度级数不应超过表6-3规定的限值。

表6-3　排气烟度限值

类别	额定净功率（P_{max}）/kW	光吸收系数 /m^{-1}	林格曼黑度级数
I 类	$P_{max}<19$	3.00	1
	$19 \leqslant P_{max}<37$	2.00	
	$37 \leqslant P_{max}<560$	1.61	
II 类	$P_{max}<19$	2.00	1（不能有可见烟）
	$19 \leqslant P_{max}<37$	1.00	
	$P_{max} \geqslant 37$	0.80	
III 类	$P_{max} \geqslant 37$	0.50	1（不能有可见烟）
	$P_{max}<37$	0.80	

GB 20891—2007 第二阶段及以前阶段排放标准的非道路柴油移动机械，执行表6-3中的 I 类限值。GB 20891—2014 第三阶段及以后阶段排放标准的非道路柴油移动机械，执行表6-3中的 II 类限值。

城市人民政府可以根据大气质量状况，划定并公布禁止使用高排放非道路柴油移动机械的区域，限定区域内可选择执行表 6-3 中的非道路柴油移动机械烟度排放的 Ⅲ 类限值。

海拔高于 1700m 地区使用的各类非道路柴油移动机械的排气不透光烟度（光吸收系数）限值应在表 6-3 的基础上增加 0.25m^{-1}。

第三节　检验方法及判定规则

一、检验方法

1. 不透光烟度法

用不透光烟度计连续测量自由加载法或自由加速法下的非道路柴油移动机械排气的光吸收系数，采样频率不应低于 1 Hz，取测量过程中不透光烟度计的最大读数值作为测量结果。

不透光烟度计的取样探头插入排气管中至少 400 mm，如不能保证此插入深度，应使用延长管。

2. 林格曼烟度法

非道路移动机械应按照 GB 36886—2018 附录 B 规定的林格曼烟度法观测非道路柴油移动机械在标准 5.1 条所述测量工况下的排气烟度，将观测的林格曼烟度的最大值确定为排气烟度测量结果。在检验过程中，可以使用视频、摄像或者执法记录仪等手段获取烟度检测结果。

二、判定规则

如果非道路柴油移动机械的林格曼烟度超标，则判定烟度排放检验不合格。

对于林格曼烟度检验合格的非道路柴油移动机械，生态环境主管部门可以继续采用不透光烟度法进行现场排气烟度检验，排气烟度满足 GB 36886—2018 4.1 条规定，判定合格，否则为不合格。

第四节 监督管理要求

一、对于新生产非道路柴油机械的管理要求

制造企业应按照标准要求，制定自查规程，对新生产的机械进行排放达标自查，并将自查结果进行信息公开。进口非道路柴油机械的代理商应按照 GB 36886—2018 要求，对进口的机械进行排放达标自查，并将自查结果进行信息公开。

依据《中华人民共和国大气污染防治法》第五十二条规定，省级以上人民政府生态环境主管部门可以通过现场检查、抽样检测等方式，加强对新生产、销售机动车和非

道路移动机械大气污染物排放状况的监督检查。工业、市场监督管理等有关部门予以配合。

各省级行政区生态环境主管部门依法开展新生产非道路移动机械的检查工作，可按 GB 36886—2018 对新生产机械进行排放检查。

二、对于在用非道路柴油机械的管理要求

城市人民政府可以根据大气质量状况，划定并公布禁止使用高排放非道路柴油移动机械的区域，限定区域内可选择执行 GB 36886—2018 表 1 中的非道路柴油移动机械烟度排放的Ⅲ类限值。依照城市人民政府划定禁止使用高排放非道路柴油移动机械区域的要求，可采取登记、安装定位系统等方式加强跟踪管理。

各省级、市县级行政单位依据《中华人民共和国大气污染防治法》制定各地区的相关机动车、非道路管理规定。

第七章 非道路移动机械编码登记

第一节 概述

一、背景

为支撑国家移动源环境治理工作，2019 年 7 月 29 日，生态环境部发布了《非道路移动机械摸底调查和编码登记技术要求》（以下简称编码登记要求），明确了非道路移动机械环保登记号码编码规则，对非道路移动机械污染物排放标准达标管理要求进行了必要补充。

2018 年 12 月 30 日，生态环境部等多部委联合印发了《柴油货车污染治理攻坚战行动计划》（以下简称行动计划），行动计划首次提出非道路移动机械编码登记要求，要求各地在 2019 年年底前完成非道路移动机械摸底调查和编码登记。2019 年 7 月 29 日，生态环境部印发《关于加快推进非道路移动机械摸底调查和编码登记工作的通知》（以下简称通知），同时发布了《非道路移动机械摸底调查和编码登记技术要求》。2022 年 11 月 10 日，生态环境部等多部委联合印发了《深入打好重污染天气消除、臭氧污染防治和柴油货车污染治理攻坚战行动方案》，同时发布《柴油货车污染治理攻坚行动方案》（以下简称行动方案），要求各地在 2025 年完成城区工程机械环保编码登记三级联网，做到应登尽登。

2021 年，全国 31 个省（自治区、直辖市）已开展非道路移动机械编码登记工作。截至 2021 年年底，全国 31 个省（自治区、直辖市）累计上传非道路移动机械编码登记数据 259.5 万条，2021 年新增编码登记数据 71.8 万条。

二、适用范围

根据通知要求，各地生态环境部门负责实施非道路移动机械摸底调查和编码登记工作。摸底调查和编码登记范围力争做到机械类型、数量全覆盖，以城市建成区内施工工地、物流园区、大型工矿企业以及港口、码头、机场、铁路货场使用的非道路移动机械为重点，主要包括挖掘机、起重机、推土机、装载机、压路机、摊铺机、平地机、叉车、桩工机械、堆高机、牵引车、摆渡车、场内车辆等机械类型。

摸底调查和编码登记信息主要包括生产厂家名称、出厂日期等基本信息，所有人或使用人名称（可为单位或个人）、联系方式等登记人信息，排放阶段、机械类型（按用途分）、燃料类型、污染控制装置等技术信息，以及机械铭牌、发动机铭牌、非道路移动机械环保信息公开标签等。

三、实施日期

按照《柴油货车污染治理攻坚战行动计划》要求，于2019年年底前完成在用非道路移动机械摸底调查和编码登记，新购置或转入的非道路移动机械，应在购置或转入之日起30日内完成编码登记。

第二节　编码登记工作要求

一、工作流程

根据通知要求，各地生态环境部门加强部门协同，充分发挥行业组织的作用，形成联合工作机制并利用信息化手段开展编码登记工作。通过服务办事窗口、网上监管平台、微信小程序、现场填报等方式开展摸底调查和编码登记工作，对完成信息登记的非道路移动机械按照统一编码规则发放非道路移动机械环保标牌，并根据实际情况，选择悬挂、粘贴、喷涂等方式固定。

二、编码互认

非道路移动机械环保标牌具有唯一性，编码规则全国统一，环保标牌跨区域有效、各地互认。

对于此前已经完成编码登记、在本地使用的非道路移动机械可沿用原编码和环保标牌。

三、数据化管理和信息报送

鼓励通过电子标牌的方式实现非道路移动机械数据化管理。

可直接通过国家非道路移动机械监管平台（以下简称国家平台）和微信小程序开展摸底调查和编码登记工作，自动实现信息联网报送。

使用本地平台的地区，应在 2019 年年底前与国家平台进行技术对接，实现信息联网报送。国家平台（https://fdl.vecc.org.cn/fdlgather/）和微信小程序由中国环境科学研究院机动车排污监控中心负责建设运行。

第三节　非道路移动机械环保登记号码编码规则

一、非道路移动机械环保登记号码组成方式

编码登记要求中规定了非道路移动机械环保登记号码编码规则。非道路移动机械环保登记号码由 1 位排放阶段代号和 8 位机械环保序号组成，排放阶段代号与机械环保序号以短横分隔符相连。示例：2-12345678。

二、排放阶段代号

非道路移动机械排放阶段指出厂时的排放阶段，代号采用排放阶段对应的序号（国一及以前排放阶段代号统一为"1"），电动机械排放阶段代号为"D"，不能确定排放阶段的代号为"X"。

柴油非道路移动机械的排放阶段根据《非道路移动机械用柴油机排气污染物排放限值及测量方法（中国Ⅰ、Ⅱ阶段）》（GB 20891—2007）及其以后修订的版本确定。

场内车辆的排放阶段根据《轻型汽车污染物排放限值及测量方法（Ⅰ）》（GB 18352.1—2001）、《车用压燃式发动机排气污染物排放限值及测量方法》（GB 17691—2001）及其以后修订的版本确定。

三、机械环保序号

机械环保序号采用数字和字母组合的方式，数字为 0～9，字母为英文字母表中除去 I、O 的其余 24 个大写字母。序号由 8 位字符组成，序号第一位根据省（自治区、直辖市）排序确定（表 7-1），第二位至第八位由各省（自治区、直辖市）自行编号。

表 7-1　各省（自治区、直辖市）机械环保序号第一位分配表

地区名称	环保序号第一位	地区名称	环保序号第一位
北京市	1	湖北省	H
天津市	2	湖南省	J
河北省	3	广东省	K
山西省	4	广西壮族自治区	L
内蒙古自治区	5	海南省	M
辽宁省	6	重庆市	N
吉林省	7	四川省	P
黑龙江省	8	贵州省	Q
上海市	9	云南省	R
江苏省	A	西藏自治区	S
浙江省	B	陕西省	T
安徽省	C	甘肃省	U
福建省	D	青海省	V
江西省	E	宁夏回族自治区	W
山东省	F	新疆维吾尔自治区（含新疆生产建设兵团）	X
河南省	G	—	—

四、非道路移动机械环保登记号码的确定

根据上传的信息，非道路移动机械监管平台自动完成排放阶段的确认。工作人员根据排放阶段，发放相应号码，实现机械设备与环保登记号码关联匹配。

非道路移动机械环保登记号码与机械信息一一对应，不允许一台机械对应多个环保登记号码，也不允许多台机械共用一个环保登记号码。

第四节　非道路移动机械环保标牌技术要求

一、样式

编码登记要求中规定了非道路移动机械环保标牌的尺寸、字体等规范性要求（表 7-2），非道路移动机械环保标牌的样式示例见图 7-1。

表 7-2　非道路移动机械环保标牌样式规范要求

序号	项目	要求
1	外观标准尺寸	长 × 高：50cm×10cm，单字高 7cm
2	字体	方正大黑简体，字体水平、垂直居中
3	字体颜色	白色
4	背景颜色	蓝色（R：53、G：85、B：219）

图 7-1　非道路移动机械环保标牌样式

二、位置要求

位置应优先在机械左右两侧，每侧一个；如果侧边没有合适空间，可以选择机械尾端或机械操作手臂等明显位置。位于机械左、右侧或尾端时，要求水平，离地面高度至少 1m。

三、其他要求

对于标牌材料、安装方式、耐候性、附着性等都提出了具有操作性的要求。此外，还规定了非道路移动机械环保信息采集卡的技术要求。

第八章 非道路移动机械定位和车载终端

第一节 概述

一、背景

为支撑国家非道路移动机械环境治理工作，生态环境部于 2020 年发布了《非道路柴油移动机械污染物排放控制技术要求》（HJ 1014—2020，以下简称技术要求），对《非道路移动机械用柴油机排气污染物排放限值及测量方法（中国第三、四阶段）》（GB 20891—2014）中第四阶段内容进行了技术补充规定，其中对机械的定位系统和车载终端进行了技术规定。

机械的定位系统和车载终端是非道路移动机械实现数据采集和传输的关键技术，其作用是将发动机的运行状态、排放控制系统运行状态进行采集并存储，通过与电子控制单元（行车电脑）和排放控制车载诊断系统进行数据交互，融合卫星定位技术和无线通信技术，将排放控制相关数据及时地传输到生态环境管理部门的信息平台上。进而支撑生态环境部对数据进行收集、存储、分析及决策判断，实施及时、精细、高效的环境监管。通过标准规定，对这个技术在非道路移动机械上进行强制性实施，在国际上为首次开展。

二、适用范围

定位系统要求适用于装用额定净功率 37 kW 及以上柴油机的机械。车载终端要求适用于装用额定净功率 37 kW 及以上柴油机的工程机械。

非道路移动机械远程监控要求包含两类：一是仅要求卫星定位，主要适用于装用额定净功率 37 kW 及以上柴油机的机械；二是要求排放远程监控，不仅需要传输定位信息，还应采集发动机运行数据以及排放控制诊断信息。

三、实施时间

根据技术要求的规定，自 2020 年 12 月 28 日起，即可依据本标准要求进行信息公开。自 2022 年 12 月 1 日起，所有生产、进口和销售的适用于非道路移动机械及其装用的柴油机应符合本标准要求，安装卫星定位系统或车载终端，并能够进行相关监控数据实时传输。

第二节　总体技术要求

一、出厂前安装要求

1. 定位系统

装用额定净功率 37 kW 及以上柴油机的机械，出厂前应加装卫星定位系统。

2. 车载终端

装用额定净功率 37 kW 及以上柴油机（如果装有 SCR 后处理系统，至少应有 SCR 下游 NO_x 传感器）的工程机械，出厂前应加装车载终端系统。

二、全寿命内功能要求

1. 定位系统

机械生产企业应采取必要的技术措施，在机械全寿命内作业时，应能通过卫星定位系统实现对其准确定位，定位系统应满足技术要求中附录 H 的要求。生产企业应保证机械按附录 H 的要求进行定位信息的数据发送。

2. 车载终端

机械生产企业应采取必要的技术措施，在机械全寿命内作业时，按照本技术要求中附录 H 的要求进行数据发送。

三、防拆除要求

为防止卫星定位系统或车载终端被恶意拆除，技术要求规定了防拆除技术要求。规定机械生产企业应采取车载终端和精准的定位系统防拆除技术措施，确保车载终端和精准的定位系统不被恶意拆除。当车载终端和精准的定位系统故障或拆除时，机械应激活报警系统，并尽可能向管理平台按照技术要求附录 H 中表 H.2 和表 H.10 的要求发送拆除报警信息，报警信息包括拆除状态、拆除时间和定位经纬度等信息。但考虑到机械生产企业采取具体防拆除技术措施的多样化，标准中并未规定具体的防拆除措施，生产企业可根据自身情况选择适用的具体措施。

同时，技术要求规定，当车载终端和卫星定位系统故障或拆除时，机械应激活报警系统，并尽可能向管理平台发送拆除报警信息，报警信息包括拆除状态，拆除时间和定位经纬度信息。这里的激活报警系统，指的是在机械上安装的报警系统，可以与 NCD、PCD 的报警系统相同，也可以采用不同的报警模式，主要是用于提醒对驾驶员进行提醒和警示，以及便于主管部门监管和执法。对于向管理平台发送拆除报警信息，则是考虑到车载终端一旦被拆除，从技术上有可能无法进行自我判断，因此该要求并未强制执行。

四、监管要求

机械企业应确保车载终端和精准的定位系统在机械全寿命期内应正常工作。

生态环境主管部门在进行新生产机械达标检查和在用符合性检查时，可对卫星定位系统进行定位功能检查，可用通用诊断仪对上传信息进行读取检查。

1. 工程机械实时数据流信息采集

对于装用额定净功率 37 kW 及以上柴油机的工程机械，车载终端应进行排放远程监控信息采集并传输，采集参数项共 17 项。

根据参数用途及来源，可分为三类。首先是环境参数，包括大气压力 1 项，考虑到大气压力是影响柴油机燃烧的重要参数，因此需要采集大气压力信息；其次是柴油机相关数据，共计 14 项，包括表征柴油机基本工作状态的扭矩、转速、燃料流量等，同时也包含后处理装置运行的关键参数，如 NO_x 传感器输出值、SCR 温度、DPF 压差等；最后是整机相关参数，共计 2 项，分别是车速信息和油箱液位信息。详细监控参数见表 8-1。

表 8-1　工程机械实时数据信息采集详细监控参数

参数类别	参数项
环境参数	大气压力（直接测量或估计值）
柴油机相关	柴油机净输出扭矩（作为柴油机最大基准扭矩的百分比），或柴油机实际扭矩/指示扭矩（作为柴油机最大基准扭矩的百分比，如依据喷射的燃料量计算获得）
	摩擦扭矩（作为柴油机最大基准扭矩的百分比）
	柴油机转速
	柴油机燃料流量
	SCR 上游 NO_x 传感器输出值
	SCR 下游 NO_x 传感器输出值
	反应剂余量
	进气量
	SCR 入口温度
	SCR 出口温度
	DPF 压差
	柴油机冷却液温度
	实际的 EGR 阀开度
	设定的 EGR 阀开度
整机相关	车速
	油箱液位

2. 诊断信息采集

对于装用额定净功率 37 kW 及以上柴油机的工程机械，在采集实时数据流信息的同时，还应采集排放控制诊断相关信息，主要包括排放控制诊断协议（用于解析故障码等信息）、报警灯状态、故障码总数和故障码信息列表等 4 项内容。

3. 定位信息

对于所有装用额定净功率 37 kW 及以上柴油机的机械，都应进行定位信息采集和传输。考虑到后续执法需求，要求水平定位精度应小于 10 m，并且对定位信号的及时性也提出一定要求，在定位系统冷启动条件下，从系统加电运行到实现捕获时间不应超过 120 s，在热启动条件下，实现捕获时间应小于 10 s。

4. 信息采集传输频率、存储和补传

在机械启动后至作业前期间，车载终端应对机械柴油机数据流信息、控制诊断信息进行读取，并传输至管理平台。在工作状态下，应每 10 min 至少向管理平台传输一次当前时刻的数据流信息，对于排放控制诊断信息，鉴于不会在短时间内发生较大的变化，因此标准仅规定每 24 h 至少传输一次。对于数据流信息，为保证监控的及时性，要求在柴油机启动后 60 s 内必须开始传输，柴油机停机后可以不传输数据。

非道路移动机械往往工作环境较为复杂，难以避免出现数据通信链路异常的情况，导致无法及时传输监控数据。为防止出现数据丢失及信号中断等情况，车载终端应能将监控数据进行本地存储，要求能够存储连续 7 天的数据。当车载终端内部存储介质存储满时，应具备内部存储数据的自动覆盖功能，并且当车载终端断电停止工作时，应能完整保存断电前记录在内部存储介质中的数据。在数据通信链路恢复正常后，在发送实时数据的同时应对本地存储数据进行补传。

5. 防拆除及报警

为防止卫星定位系统或车载终端被恶意拆除，标准还规定了防拆除技术要求。标准规定机械生产企业应具有车载终端和精准的定位系统防拆除技术措施，确保车载终端和精准的定位系统不被恶意拆除。但考虑到机械生产企业采取具体防拆除技术措施的多样化，标准并未规定具体的防拆除措施，具体措施可由生产企业根据自身情况进行选择。

五、技术发展趋势

随着物联网技术日趋成熟，以及主管部门环境管理需求的提升，国四标准提出的远程监控技术也应逐步改进和升级，结合非道路移动机械行业特点，以及当前技术发展形势，对非道路移动机械远程监控技术的发展趋势进行了简要分析。

1. 防篡改措施

目前车联网相关行业，如重型车第六阶段排放标准的远程监控、新能源车远程监控等，均是采用"车载终端—企业平台—管理平台"的技术架构，由企业平台负责接收车载终端传输的数据，而后再转发给管理平台。这种架构的好处是极大地提升了远程监控数据的接入效率，生产企业对远程监控数据负责，同时减轻了管理平台直接对接千万量级车辆所带来的安全风险。

依据非道路移动机械远程监控的应用场景，极大可能采用与重型车远程监控类似的总体架构。在这种情况下，由于主管部门将依据远程数据实施监管，传输数据的真实性将尤为重要，必须保证数据在传输过程中不被非法篡改。因此，在未来非道路移动机械远程监控的技术体系中，将进一步采取收发报文等手段以提升数据防篡改技术水平。

2. 采集频率

目前，工程机械柴油机数据流信息采集和传输频率为10 min，相较于工程机械按照国四标准开展的发动机台架排放测试，以及整机车载法排放测试均是逐秒数据采集而言，10 min 数据间隔将难以开展工程机械瞬态排放情况分析，且评价工程机械综合排放水平的精准度将存在问题。因此，如何充分利用工程机械远程监控数据进行排放分析，或提升数据采集传输频率，以支撑准确的排放分析和监管，将成为未来主要的关注点。

3. 燃气机、混动机械

当前，我国移动源污染物排放问题已成为北京、上海等大城市空气污染的主要来源。根据第二次全国污染源普查结果，移动源排放的 NO_x 占全国排放总量的 60%，已成为我国大气 NO_x 排放的首要来源。同时，巴黎气候变化大会通过全球气候新协定，全球将尽快实现温室气体排放达峰，21 世纪下半叶实现温室气体零排放。习近平主席在第七十五届联合国大会一般性辩论上宣示，"中国将提高国家自主贡献力度，采取更加有力的政策和措施，二氧化碳排放力争于 2030 年前达到峰值，努力争取 2060 年前实现碳中和"。

基于以上原因，非道路移动机械行业也将面临污染物和温室气体协同减排的需求。未来非道路移动机械行业，将不可避免地面临新能源转型，燃气机械、混合动力机械等都将逐步引入。而国四标准提出的远程监控要求，只针对柴油机械，对燃气机是否采集相同的数据流信息等，需要开展针对性研究。同时对于混合动力机械，表征其工作状态的电传动相关信号，也需要同步进行采集。面对非道路移动机械行业的技术发展趋势，远程监控要求也将与其针对性地相适应，以应对未来多样的机械类型和监管需求。